航天科技图书出版基金资助出版

运载火箭概率设计基础

杨小龙　编著

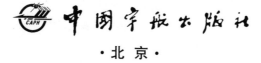

中国宇航出版社

·北京·

图书在版编目（CIP）数据

运载火箭概率设计基础 / 杨小龙编著. -- 北京 ：
中国宇航出版社，2024. 12. -- ISBN 978-7-5159-2476
-2

Ⅰ. V475.1

中国国家版本馆CIP数据核字第2024NZ7894号

责任编辑 舒承东　　　**封面设计** 王晓武

出　版 发　行	**中国宇航出版社**		
社　址	北京市阜成路 8 号　邮　编　100830	版　次	2024 年 12 月第 1 版
	(010)68768548		2024 年 12 月第 1 次印刷
网　址	www.caphbook.com	规　格	787×1092
经　销	新华书店	开　本	1/16
发行部	(010)68767386　(010)68371900	印　张	11.5
	(010)68767382　(010)88100613（传真）	字　数	280 千字
零售店	读者服务部　(010)68371105	书　号	ISBN 978 - 7 - 5159 - 2476 - 2
承　印	北京中科印刷有限公司	定　价	68.00 元

本书如有印装质量问题，可与发行部联系调换

航天科技图书出版基金简介

航天科技图书出版基金是由中国航天科技集团公司于 2007 年设立的，旨在鼓励航天科技人员著书立说，不断积累和传承航天科技知识，为航天事业提供知识储备和技术支持，繁荣航天科技图书出版工作，促进航天事业又好又快地发展。基金资助项目由航天科技图书出版基金评审委员会审定，由中国宇航出版社出版。

申请出版基金资助的项目包括航天基础理论著作，航天工程技术著作，航天科技工具书，航天型号管理经验与管理思想集萃，世界航天各学科前沿技术发展译著以及有代表性的科研生产、经营管理译著，向社会公众普及航天知识、宣传航天文化的优秀读物等。出版基金每年评审 2 次，资助 30～40 项。

欢迎广大作者积极申请航天科技图书出版基金。可以登录中国航天科技国际交流中心网站，点击"通知公告"专栏查询详情并下载基金申请表；也可以通过电话、信函索取申报指南和基金申请表。

网址：http：//www.ccastic.spacechina.com
电话：(010) 68767205，68767805

前　言

"理性只能带我们到达一定边界，我们若想越过边界继续远行，就需要一定的诗意，需要想象力，才能不断超越。"

传统的工程设计很早就考虑安全系数，以应对可能存在的不确定性。考虑到可能存在的边界状态，大多数情况下不得不以牺牲设计性能为代价。不确定性实际上包含了可能性、变化程度、置信度等信息，不确定性的准确描述直接影响设计的结果。即使所有的不确定性都能够全面、准确描述，工程上的实现也会相当复杂，导致我们的资源和代价无法承受，因此需要新的设计理论的支撑。

概率设计方法把不确定性的理论和工程设计相结合，最先在建筑和结构设计领域得到应用。运载火箭的设计具有多层次、强耦合、小子样、高隐性、非线性的特点，特别是总体、系统及其相关设计条件涉及众多不确定性因素，显性和量化的表征具有很大的难度。目前，运载火箭概率设计虽然开展了一定的工作，但相对零散，尚没有系统地开展研究，离全面应用还有很大的差距。

一种方法的出现不是为了取代另一种方法，而是为了更好地解决某一类问题。同样，概率设计方法的出现，不是也不能完全取代传统的安全系数方法。什么专业、什么情况下概率设计方法适用，而什么专业、什么情况下只能采用传统的安全系数法，需要我们对影响火箭系统设计的不确定性因素进行系统分类、细化，进而针对这些不确定性因素提出建模和分析方法，为更精细化的设计打下基础。

本书对运载火箭概率设计的数学基础、模型分析构建和设计方法等内容进行介绍，力求用简洁的方式描述相关的数学概念、方法及其背后的意义，并尽可能用一些简单的实例进行说明。实际上，书中的大多数方法都有现成的软件工具，希望通过深入学习，能够使读者理解软件工具背后的理论实质和适用对象，从而能理性判断输出结果的优劣。通过学习，可以激发读者的灵感，在各自的领域或专业创新，提出和发展适应自身学科和专业的针对性设计方法。

全书共8章。

第1章绪论，提出了不确定条件下运载火箭精细化设计的背景要求，对不确定性及其主要相关设计概念进行了简要介绍。第2章不确定性描述的数学基础，对不确定性描述的相关基础知识进行了归纳，重点讨论了概率模型、凸集模型、区间模型、模糊模型、证据理论等主要概念和方法。第3章运载火箭总体设计不确定性分析，从运载火箭总体设计的角度，对各主要专业遇到的典型不确定性及其特征进行分析。针对火箭子样数相对缺乏的问题，介绍了小子样正向问题和逆问题的求解思路，供研究人员在实际工作中进一步应用探索。第4章抽样设计，对抽样设计方法进行了简要总结，重点介绍了随机抽样、正交设计、均匀设计和拉丁超立方设计的概念和基本思路。第5章灵敏度分析，归纳总结了典型的灵敏度分析方法，重点对以蒙特卡洛方法为基础的主要灵敏度方法、方差分解法、傅里叶幅值灵敏度检验法等进行了深入讨论。第6章近似模型和代理模型，详细介绍了响应面法、正交多项式法、支持向量回归、Kriging法和人工神经网络等方法，并回顾了其背后主要的数学基础。第7章概率不确定性分析，介绍了基于抽样的仿真法、局部展开法、最大可能点法、数值积分法和函数展开法等典型的概率分析方法，并结合部分实例进行了分析。第8章基于概率不确定性的设计，讨论了鲁棒优化和可靠性优化两个重要概念，并用典型的实例介绍了基于概率不确定性的设计方法。

　　本书是个人在不确定性理论和概率设计领域学习和部分实践经历的总结。编写本书对作者本人来说是一个不小的挑战。30年前，我第一次在工作中应用了抽样设计方法。20年前，第一次接触到概率设计的工程问题，但当时的理解还是相当片面和模糊。几年前，由于工作的需要，我不得不开始系统学习不确定性理论和概率设计。期间，查阅了大量的文献资料，对所需要的数学知识也进行了回顾和学习。冯·卡门在其自传中提到，希尔伯特曾经说过，掌握一门新学科有两种办法：要么讲授这门课，要么撰写一本关于这门学科的书。我选择了后者，尝试将所学整理成书。事实上，本书每一章的内容如果深入展开，都可以自成体系，单独成书，但本人能力水平离此尚有很大差距。随着对该领域的深入研究，不断有新的理论、方法和应用涌现，我发现自己的学习之路还很漫长，理解上也不免偏颇，对于书中的不足之处，恳请读者批评指正。

2024 年 6 月

于北京

目　录

第1章　绪　论 ……………………………………………………………… 1

1.1　问题的提出 ……………………………………………………………… 1

1.2　相关概念的理解 ………………………………………………………… 3

1.2.1　不确定性 ………………………………………………………… 4

1.2.2　安全系数、裕度和极限函数 …………………………………… 6

1.2.3　贝叶斯思想 ……………………………………………………… 10

1.2.4　熵、信息熵和试验熵 …………………………………………… 12

1.2.5　抽样设计 ………………………………………………………… 14

1.2.6　不确定性传播 …………………………………………………… 16

1.2.7　近似模型和代理模型 …………………………………………… 19

1.2.8　鲁棒性 …………………………………………………………… 20

1.3　本书主要内容 …………………………………………………………… 21

参考文献 ……………………………………………………………………… 23

第2章　不确定性描述的数学基础 ………………………………………… 24

2.1　数据分析和建模 ………………………………………………………… 24

2.2　概率模型 ………………………………………………………………… 27

2.2.1　几个基本概念 …………………………………………………… 27

2.2.2　随机变量的典型概率分布 ……………………………………… 34

2.2.3　随机变量的函数（随机函数） ………………………………… 37

2.3　概率模型的统计推断 …………………………………………………… 47

2.3.1　几个基本概念 …………………………………………………… 47

2.3.2　参数估计 ………………………………………………………… 48

2.3.3　假设检验 ………………………………………………………… 53

2.4　凸集模型 ………………………………………………………………… 56

2.5　区间模型 ………………………………………………………………… 57

    2.5.1　区间变量的运算 ⋯⋯⋯⋯⋯⋯⋯⋯⋯⋯⋯⋯⋯⋯⋯⋯⋯ 58

    2.5.2　区间模型的可靠性度量 ⋯⋯⋯⋯⋯⋯⋯⋯⋯⋯⋯⋯⋯ 59

  2.6　模糊模型 ⋯⋯⋯⋯⋯⋯⋯⋯⋯⋯⋯⋯⋯⋯⋯⋯⋯⋯⋯⋯⋯⋯ 65

  2.7　证据理论 ⋯⋯⋯⋯⋯⋯⋯⋯⋯⋯⋯⋯⋯⋯⋯⋯⋯⋯⋯⋯⋯⋯ 67

  参考文献 ⋯⋯⋯⋯⋯⋯⋯⋯⋯⋯⋯⋯⋯⋯⋯⋯⋯⋯⋯⋯⋯⋯⋯⋯ 70

第3章　运载火箭总体设计不确定性分析 ⋯⋯⋯⋯⋯⋯⋯⋯⋯⋯ 72

  3.1　总体设计典型输入输出关系 ⋯⋯⋯⋯⋯⋯⋯⋯⋯⋯⋯⋯⋯ 72

  3.2　典型设计输入参数特性分析 ⋯⋯⋯⋯⋯⋯⋯⋯⋯⋯⋯⋯⋯ 76

    3.2.1　总体专业 ⋯⋯⋯⋯⋯⋯⋯⋯⋯⋯⋯⋯⋯⋯⋯⋯⋯⋯⋯ 76

    3.2.2　推进动力专业 ⋯⋯⋯⋯⋯⋯⋯⋯⋯⋯⋯⋯⋯⋯⋯⋯⋯ 77

    3.2.3　气动专业 ⋯⋯⋯⋯⋯⋯⋯⋯⋯⋯⋯⋯⋯⋯⋯⋯⋯⋯⋯ 79

    3.2.4　弹道专业 ⋯⋯⋯⋯⋯⋯⋯⋯⋯⋯⋯⋯⋯⋯⋯⋯⋯⋯⋯ 80

    3.2.5　载荷环境专业 ⋯⋯⋯⋯⋯⋯⋯⋯⋯⋯⋯⋯⋯⋯⋯⋯⋯ 81

    3.2.6　姿控专业 ⋯⋯⋯⋯⋯⋯⋯⋯⋯⋯⋯⋯⋯⋯⋯⋯⋯⋯⋯ 83

    3.2.7　分离专业 ⋯⋯⋯⋯⋯⋯⋯⋯⋯⋯⋯⋯⋯⋯⋯⋯⋯⋯⋯ 85

  3.3　小子样问题和数据挖掘 ⋯⋯⋯⋯⋯⋯⋯⋯⋯⋯⋯⋯⋯⋯⋯ 86

    3.3.1　正向问题与逆问题 ⋯⋯⋯⋯⋯⋯⋯⋯⋯⋯⋯⋯⋯⋯⋯ 87

    3.3.2　小样本数据建模 ⋯⋯⋯⋯⋯⋯⋯⋯⋯⋯⋯⋯⋯⋯⋯⋯ 88

    3.3.3　逆问题求解思路 ⋯⋯⋯⋯⋯⋯⋯⋯⋯⋯⋯⋯⋯⋯⋯⋯ 95

  参考文献 ⋯⋯⋯⋯⋯⋯⋯⋯⋯⋯⋯⋯⋯⋯⋯⋯⋯⋯⋯⋯⋯⋯⋯⋯ 97

第4章　抽样设计 ⋯⋯⋯⋯⋯⋯⋯⋯⋯⋯⋯⋯⋯⋯⋯⋯⋯⋯⋯⋯⋯ 98

  4.1　基本概念 ⋯⋯⋯⋯⋯⋯⋯⋯⋯⋯⋯⋯⋯⋯⋯⋯⋯⋯⋯⋯⋯ 98

  4.2　随机抽样试验 ⋯⋯⋯⋯⋯⋯⋯⋯⋯⋯⋯⋯⋯⋯⋯⋯⋯⋯⋯ 99

  4.3　正交试验设计 ⋯⋯⋯⋯⋯⋯⋯⋯⋯⋯⋯⋯⋯⋯⋯⋯⋯⋯ 101

  4.4　均匀试验设计 ⋯⋯⋯⋯⋯⋯⋯⋯⋯⋯⋯⋯⋯⋯⋯⋯⋯⋯ 103

  4.5　拉丁超立方设计 ⋯⋯⋯⋯⋯⋯⋯⋯⋯⋯⋯⋯⋯⋯⋯⋯⋯ 104

  4.6　小结 ⋯⋯⋯⋯⋯⋯⋯⋯⋯⋯⋯⋯⋯⋯⋯⋯⋯⋯⋯⋯⋯⋯ 104

  参考文献 ⋯⋯⋯⋯⋯⋯⋯⋯⋯⋯⋯⋯⋯⋯⋯⋯⋯⋯⋯⋯⋯⋯⋯ 106

第5章　灵敏度分析 ⋯⋯⋯⋯⋯⋯⋯⋯⋯⋯⋯⋯⋯⋯⋯⋯⋯⋯⋯ 107

  5.1　微分法 ⋯⋯⋯⋯⋯⋯⋯⋯⋯⋯⋯⋯⋯⋯⋯⋯⋯⋯⋯⋯⋯ 107

5.2 蒙特卡洛抽样法 ··· 109

5.3 相关性分析 ··· 111

5.4 回归分析法 ··· 115

5.5 偏相关性分析 ·· 117

5.6 秩变换 ··· 118

5.7 方差分解法 ··· 120

5.8 傅里叶幅值灵敏度检验法 ··· 122

    5.8.1 傅里叶级数展开 ·· 122

    5.8.2 傅里叶幅值灵敏度检验法的基本思想 ··························· 124

5.9 其他方法 ·· 125

参考文献 ··· 127

第 6 章 近似模型和代理模型 ··· 128

6.1 响应面法 ·· 128

6.2 正交多项式法 ·· 130

6.3 支持向量回归 ·· 133

6.4 Kriging 方法 ·· 137

6.5 人工神经网络 ·· 138

6.6 小结 ··· 141

参考文献 ··· 144

第 7 章 概率不确定性分析 ··· 145

7.1 基于抽样的仿真法 ··· 145

7.2 局部展开法 ··· 146

7.3 最大可能点法 ·· 149

7.4 数值积分法 ··· 154

    7.4.1 全因子数值积分 ·· 155

    7.4.2 单变量降维法 ··· 158

7.5 函数展开法 ··· 159

参考文献 ··· 162

第 8 章 基于概率不确定性的设计 ··· 164

8.1 确定性优化 ··· 164

8.2　不确定性优化 ··· 165

　8.2.1　鲁棒设计优化 ·· 165

　8.2.2　基于可靠性的设计优化 ······························· 167

8.3　基于概率的火箭总体设计 ································· 168

8.4　基于概率的控制器设计 ····································· 170

8.5　其他专业领域研究进展 ····································· 172

8.6　小结 ·· 173

参考文献 ··· 174

第1章 绪 论

变化会带来不确定性，缺乏认识也导致不确定性，这些不确定性本质上就是风险。运载火箭系统的整个研制过程本质上就是如何面对这些不确定性，不断识别风险、控制风险的过程。系统设计就是权衡，其关键是对于不确定性的量化程度和容忍程度，从而反映了不同的设计理念，也体现出不同的设计水平。运载火箭总体设计面临着大量的不确定输入条件，相互耦合的各系统之间具有不确定特性的信息交互也构成了各自设计输入的不确定性。对于运载火箭这种庞大、设计输入不确定、输入输出关系高隐性、多维且非线性的系统来说，精细化设计面临巨大的挑战。

1.1 问题的提出

运载火箭设计分为总体、系统、单机、部组件等多个层级，如图1-1所示。从纵向来看，每个层级都会接收来自上一层级的不确定性输入，比如，总体的质量特性、环境条件等就不是一个确定的名义值，而是在一定范围内以某种规律变化的，这些输入作为下游的设计条件，结合下游本身具有的不确定性，会产生一定的不确定性输出，这些输出不仅影响下一层级的设计，同时也会反过来影响上一层级，最终这种影响会反映在运载火箭的总体性能上。在层级最底层，原材料或元器件的性能波动也会向上传递，影响上一层级甚至影响火箭总体性能指标的实现。从横向来看，各层级之间的不确定性也会相互传递，比如，动力系统性能的散差会直接影响控制系统姿控网络的设计，吸气式发动机的性能波动和气动外形、飞行弹道形式变化紧密耦合，这些也是飞行器设计领域多学科耦合设计遇到的难题。

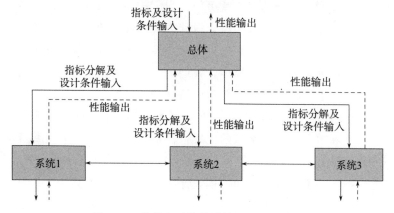

图1-1 总体和系统设计输入和输出关系

　　前文表达了总体和系统、系统和系统之间的关系。具体到总体内部，各专业之间也互为各自的设计输入、输出，如图1-2所示。特别是在方案论证和初步设计阶段，总体内部的耦合关系更为频繁。在早期设计阶段，可能对设计不确定性的信息掌握不全，常用的方法就是根据先验的信息，用一个安全系数放大包络来应对不确定性可能带来的影响。比如运载火箭控制力的估算，一般用静态估算值乘以一个安全系数，来确定伺服力矩的能力需求，进而确定伺服系统的初步方案，这个例子将在后续内容中进一步学习。

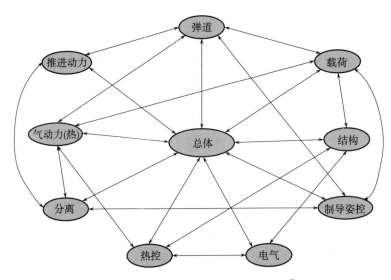

图1-2　总体内部设计输入输出关系[①]

　　传统的飞行器设计很早就考虑安全系数或者裕度，以应对可能存在的不确定性。不确定性实际上包含了可能性、置信度、变化程度等信息，其准确描述对设计结果具有直接影响。在工程实践中，当无法全面描述不确定性时，常常以区间的方式来描述不确定性（幸运的是，大多数情况下工程上给出这个区间并不是很困难），这种以区间上下极限拉偏的方式作为设计条件，通常被认为是保守的。工程设计中单个因素的边界值出现的概率很低，而多个因素边界值同时出现的概率就更低。为了兼顾极限状态，不得不以牺牲大多数设计工况下的性能为代价。同时，极限组合设计方式体现出的裕度，与系统的可靠性之间没有直接量化的对应关系，单因素水平发生变化对系统可靠性的影响也不清楚。另外，即使所有的不确定性都能够全面、准确描述，我们也会发现工程上的设计会相当复杂，要消耗的资源是无法承受的。因此，迫切需要新的设计理论支撑。

　　图1-3所示是设计输入不确定性和性能的关系。其中表达了两个事实，一是最优的性能大概率不会发生在输入参数名义值的位置；二是，当输入参数在大概率发生的区域变化时，性能不一定是最好的。

　　概率设计方法把不确定性的理论和工程设计相结合，最先在建筑和结构设计领域得到

---

　　① 图1-2不反映输入输出文件的传递关系，反映的是专业设计的输入条件和输出结果的传递关系。实际工程上，按照研制协调关系，某专业的设计结果可能直接传递给另外一个专业，也可能通过总体进行传递。

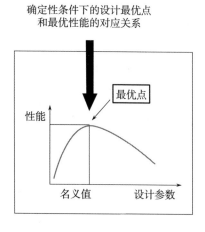

确定性条件下的设计最优点
和最优性能的对应关系

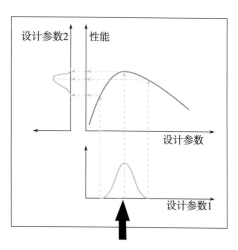

不确定条件下的设计最优点可能
仅对个别参数或其名义值适用

图 1-3　设计输入不确定性和性能的关系

应用。然而，在该方法提出后的很长一段时间内，其发展并不迅速。近几十年来，由于计算技术和高性能计算机的发展，使得大规模不确定性的工程问题的解决成为可能。结构概率设计的基本思想是，考虑结构本身和环境的不确定性，将设计变量和各种载荷输入视为随机变量，根据其各自的概率分布，以系统的方法来确定结构失效的概率，实现可靠性的定量化设计。

正如前文所说，运载火箭的设计具有多层次、强耦合、小子样、不确定、高隐性、非线性的特点，特别是总体和系统及其设计条件涉及的不确定性因素众多，显性和量化地表征具有很大的难度。我国在运载火箭概率设计方面虽然开展了一定的工作，但相对零散，尚没有系统、大范围地研究和应用。

一种方法的出现不是为了取代另一种方法，而是为了更好地解决某一类问题。概率设计方法的出现，不是也不能完全取代传统的安全系数方法，二者有其各自适用的专业和领域。那么在什么情况下使用概率设计方法，而在什么情况下只能采用传统的安全系数法，是需要深入辨识、研究的问题[1]。在采用概率设计方法时，哪些是主要影响因素、如何控制这些主要影响因素，如何优化设计参数以提高系统对不确定性的鲁棒性，实施的效果如何，目前这些问题还缺乏系统的分析和定量的结论。因此，有必要对影响火箭系统设计的不确定性因素进行分类、细化，进而针对这些不确定性提出模型和分析方法，为精细化设计打下基础。

1.2　相关概念的理解

17 世纪，法国数学家 Blaise Pascal 和 Pierre de Fermat 开始构建概率理论，以描述随机事件的可能性和不确定性的量化表达。20 世纪 70 年代，传统的确定性分析方法和不确定性量化表征方法的结合，激发了研究的灵感，概率设计开始走向实用阶段，在建筑结构设计领域得到应用。90 年代国外文献大量出现航空航天领域应用概率设计方法的研究，探索弹道、气动、动力、结构等系统的不确定性对总体性能的影响，以及对所期望性能的控制方法。

在研究不确定性的文献中，提出了许多新概念和新方法。在学习概率设计方法之前，首先应该明确这些概念。同时，我们也发现，有些概念和设计方法本质上相近，但有时会以不同的面貌或名称出现，特别容易引起混淆。这些差异，有的是由于研究领域不同导致的习惯上的差异，也有的是其内涵的拓展或局部的改进，或研究对象的侧重点不同，在学术上，这些都是值得探讨的问题。对于工程设计者来说，关键是要弄清楚概念和方法的本质，以便进一步研究、应用和发展。

1.2.1　不确定性

系统的数学模型是工程设计的基础。数学模型是其所代表实际物理系统的一个描述，它提供了一个从输入到输出响应的映射关系。数学模型的质量决定了它的输入输出映射与真实受控对象输入输出响应关系的吻合程度。然而，一个包含所有真实物理受控对象特性、从而完全模拟真实物理系统的模型是不可能构造出来的。就设计师系统而言，一个好的模型应足够简单以便于实用，同时这个模型又要足够复杂，使得在此基础上的设计能够可信地应用于实际受控对象。

一个典型系统的输入、输出关系可以表达为

$$\begin{cases} \dot{x} = f(x(t), u(t), t) \\ y = g(x(t), u(t), t) \end{cases} \tag{1-1}$$

其中，$x = \{x_1, x_2, \cdots, x_n\}$ 是系统的 n 个状态；$u(t)$ 为控制输入变量；y 是系统的输出或响应量。在实际工程中，系统的输出往往是多变量的，但为了简化说明，我们用单输出响应来表示。$f(\cdot)$ 代表输入和状态之间的函数关系，$g(\cdot)$ 代表状态、输入和输出之间的函数关系。在很多工程领域，$f(\cdot)$ 和 $g(\cdot)$ 没有显性解析关系。加之 x 的不确定性，使得对输出 y 的分析和控制会变得尤其复杂。严格地讲，任何一个系统都是非线性、时变的系统，火箭系统也不例外。在我们研究的范围内，有时可以视其为局部线性、缓变或定常的，这样就可以把研究的问题大大简化。

不确定性一般分为随机不确定性（aleatory uncertainty）和认知不确定性（epistemic uncertainty）[2,3]。随机不确定性是系统或其环境固有的变化，也就是客观的不确定性。认知不确定性则源于主观认识不足或者知识、信息的缺乏，也称作主观不确定性。这类不确定性，随着经验和信息的增加或借助于专家的判断可能会减少。

运载火箭设计时面临的不确定性包括模型的不确定性（或非参数类的不确定性）和参数的不确定性。这些不确定性有些属于随机不确定性，有些属于认知不确定性。例如对 30 km 以上的大气参数模型认识不深，直接导致外界环境模型的认知不确定性。随着认识的不断加深，这个不确定性会逐步转化为随机不确定性。另外，对模型的简化也会带来不确定性。例如，我们在设计时通常会把火箭的运动方程在小偏差条件下进行线性化，然后忽略掉高阶项，形成用于设计、分析的数学模型，这样做给设计分析带来了极大的便利，从工程上讲，这是容许的，而且大多数情况下也是成功的。但忽略的这些高阶项，确实是对真实物理模型的简化，从而带来了不确定性。在参数偏差方面，由于加工和磨损导致的几何尺寸偏差，成为设计条件不确定的一部分。在控制系统设计时用到的单机模型，一般是用要求的指标特性或者实测特性拟合得到一个频域的模型，这个模型和真实的物理模型也有一定的差异。此外，设计上使用的火箭系统的绝大部分参数，除了一个名义值之外，还会在一定范围内波动，这也体现了使用参数的不确定性。设计上还有一些输入条件是外部的干扰，这些干扰的不确定性，既有模型类的，也有参数类的。地面条件和飞行时的天地差异性，也需要在设计时充分考虑，如气动数据的使用。在计算流体动力学仿真分析和风洞试验的基础上，给设计使用的气动数据要考虑常值项偏差或相对偏差，以考虑试验带来的测量误差和可能的天地差异性。如何合理描述和使用这些不确定性是系统设计必须考虑的问题。

在运载火箭工程实践中，不确定性数学描述通常有两大类方法，如图 1-4 所示。一类是可以用概率特征描述的，如概率累计分布函数（CDF）和概率密度函数（PDF），比较常见的是其发生概率最大的点是它名义值，在概率密度函数两侧靠近曲线尾部的范围，发生的概率较低。概率密度函数的积分即是概率累计分布函数。第二类是无法用概率特征描述的，最常见的是用上限和下限来表达的区间不确定性。在第二类中，除了区间不确定性外，这类不确定性的描述还有证据理论（evidence theory）、模糊集合（fuzzy set）、可能性理论（possibility theory）、凸集描述（convex modeling）等方法。这些我们将在第 2 章中进一步讨论。

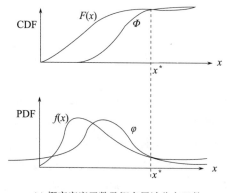

初始数据偏差（示例）			
序号	名称（因素）	单位	偏差
1	质量偏差	kg	$[-25, +25]$
2	X向质心偏差	mm	$[-20, +20]$
3	Y向质心偏差	mm	$[-5, +5]$
4	Z向质心偏差	mm	$[-3, +3]$
5	X向转动惯量偏差 J_x	%	$[-8, +8]$
6	Y向转动惯量偏差 J_y	%	$[-8, +8]$
7	Z向转动惯量偏差 J_z	%	$[-8, +8]$
8	...		...

(a) 概率密度函数及概率累计分布函数　　　　　　　(b) 区间数据

图 1-4　常用的不确定性描述方法

区间不确定性可以有参数类的，还可以有曲线包络类的，如图 1-5 所示。惯组、伺服机构等动态特性的数学化表达，可以用指标特性或者实测特性拟合得到其上下限，也可以将其看作一类区间数据。图 1-5（a）是伺服机构动态特性，$P_0(\omega)$ 是名义值，$P(\omega)$ 是某台特定伺服的特性，而两条虚线 $\overline{P}(\omega)$ 和 $\underline{P}(\omega)$ 则是合格伺服特性的上下限包络。有些参数是时变的，如图 1-5（b）所示，考虑温度、装药量、燃速、比冲偏差下的固体发动机内弹道是以标准状态、上下偏差的时变区间数据表达的。偏差条件下的弹道数据也是类似情况，通常以标准弹道为中值、偏差弹道为上下限的时变区间数据给出。

　　参数的不确定性以区间形式表达，一方面是其上下限在工程中相对容易获得，当然，有些区间数据本身也有概率信息在里面，如加工尺寸的偏差一般符合正态分布；另一方面，也可能由于数据的子样有限，其概率分布不易获得。特别是当有些数据本身可能就没有严格的概率意义时，用区间形式的描述就非常方便。

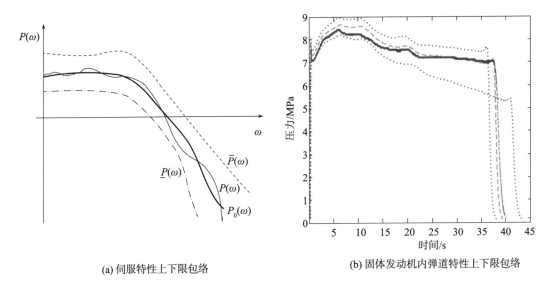

(a) 伺服特性上下限包络　　　　　　　　(b) 固体发动机内弹道特性上下限包络

图 1-5　包络曲线区间示意

1.2.2　安全系数、裕度和极限函数

　　我们习惯于在设计或分析中把各个量作为确定量，从而得出确定性的结果或结论。考虑到不确定性因素存在，在工程上常用安全系数来覆盖不确定性。

　　比如，运载火箭结构设计的载荷条件，一般用 $q \cdot \alpha$ 来表示，q 是飞行动压，α 是飞行攻角。根据不同输入偏差情况下的弹道计算，可以确定最大 $q \cdot \alpha$ 的包络。这时，我们依然担心输入偏差的散差控制不住，于是在给定 $q \cdot \alpha$ 的设计条件时，可能会考虑一个 1.3 或 1.5 的安全系数。对于安全系数设计方法，在设计者把握不大的情况下，往往会选用较大的安全系数。实践证明，采用较大的安全系数是可行的，但不一定是合理的，因为采用大的安全系数是保守的设计，会以消耗更多的资源为代价。

　　裕度表示留有余地的程度。具体到裕度的度量，自然地就会想到与一个基准相比较。例如，裕度可以用与基准的差来表示，也可以用与基准的商来表示。在结构设计中，假设考虑安全系数后运载火箭需要承受载荷的应力为 S，而设计得到的结构承载能力是 R，则 $\dfrac{R}{S}$ 表示裕度，也就是我们通常所称的剩余强度系数。裕度系数是裕度的一种表征，不同专业的裕度系数定义也不相同。$\dfrac{R}{S}$ 可以认为是结构专业的裕度系数，而有些专业的裕度系数则表示为与基准的差和基准之比的绝对值。

一般地，运载火箭设计需进行裕度分析的参数有：

1）重要的性能参数，如运载能力、入轨精度、最大射程、输出功率、发动机推力、工作寿命、工作次数、贮存期等，这类参数一般在设计任务书或技术条件中有明确规定。

2）重要的内部参数，如强度方面的安全系数、剩余强度系数，刚度方面的位移、变形量，时间方面的允许自毁时间、备份产品切换时间，空间方面的起飞漂移量、分离间隙等，这类参数一般在图样、设计报告或技术条件中有所描述。

3）重要的输入条件，如入口压力、入口温度、入口流量、输入电压、输入电流、输入功率等，这类参数一般在设计任务书或接口控制文件中有明确规定。

4）重要的环境条件，如极限工作温度、最低发射条件等，这类参数一般在力、热、自然、电磁环境及试验技术条件等文件中有明确规定。

5）其他有必要开展裕度分析的参数。

举几个典型的例子：

• 某火箭起飞漂移量要求不大于 3 m，计算结果最大为 2.2 m，则起飞漂移量设计余量为 0.8 m，设计裕度系数为 0.27。

• 某火工品装药量要求在 50 mg 至 100 mg 之间，测试结果表明实际装药 80 mg，则下限余量为 30 mg，下限裕度系数为 0.6；上限余量为 20 mg，上限裕度系数为 0.2。

• 某电池输出电压要求为（28±3）V，试验结果表明最低输出电压为 26.1 V，最高输出电压为 29.2 V，则下限余量为 1.1 V，下限裕度系数为 0.04；上限余量为 1.8 V，上限裕度系数为 0.06。

• 某产品应用在某平台上，其固有频率要求落在 50 Hz 至 100 Hz 的区间内，以避开平台上其他产品的频率。实测该产品的固有频率为 75 Hz，则下限余量为 25 Hz，下限裕度系数为 0.5；上限余量为 25 Hz，上限裕度系数为 0.25。

在结构设计中，一般情况下结构强度和所承受的应力可以以区间形式表达。在已知概率分布的情况下，或者通过统计数据找到了其概率分布，这时就可以用概率分布对强度和应力的关系进行建模和分析。结构裕度设计主要包括应力-强度型安全系数设计和强度裕度概率设计。由于应力和强度是随机的，因此其分布可以呈现如图 1-6 所示的状态。

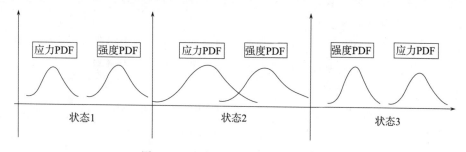

图 1-6　强度和应力的分布及其关系

图 1-6 呈现的是结构强度和所承受应力的概率密度函数的几种状态。直观地理解，状态 1 中的强度远大于应力，其裕度远大于 1，这种情况虽然理论上没有问题，但实际上要付

出的代价很大；状态 3 在工程上完全不可接受，因为结构强度远不能满足所承受应力水平的要求。因此，状态 1 和状态 3 都是应该避免的，而状态 2 应是我们着重进行设计的。

　　按照确定性设计理念处理不确定性的问题时，通常的做法是，取强度和应力的一个确定值进行设计。如分别取强度和应力的均值为名义值 R_{nom} 和 S_{nom}，或取强度最小值 R_{min} 和应力的最大值 S_{max}，并且满足

$$R_{\mathrm{nom}} \geqslant k \cdot S_{\mathrm{nom}} \qquad\qquad (1-2)$$

或者

$$R_{\mathrm{min}} \geqslant k \cdot S_{\mathrm{max}} \qquad\qquad (1-3)$$

其中，k 为我们通常所说的安全系数，"最大值"和"最小值"的取值依赖于我们对 R 和 S 各自取值的确定，如可以取 "3σ" 或 "1σ" 的范围边界，如图 1-7 所示。其中，图 1-7 左图为取各自的均值为设计值，右图为取各自的 3σ 边界作为设计值。

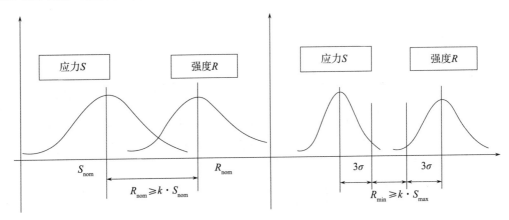

图 1-7　考虑安全系数的强度应力关系

　　由可靠性的定义可知，可靠性是寿命超过任务时间的概率，或是结构强度超过应力的概率，超过的程度越大，可靠性越高，也就是设计裕度越大。设计裕度实际上是可靠性的度量。当然，这个裕度也不应是无限的，存在各种条件的制约。如何在条件限制的情况下实现合理的裕度，就是裕度设计的任务。裕度的设计，可以通过提高强度来实现，也可以通过降低应力（即降额）来实现。

　　在结构设计中，还有一个重要的概念叫极限函数。这个概念虽然是在结构强度设计中引入的，但在不同专业的概率设计中都广泛采用。下面讨论结构概率设计中极限状态函数的概念。

　　设随机变量 x 是影响结构承载能力和应力水平的因素，$R(x)$ 是结构的承载能力，$S(x)$ 是系统载荷下的应力，二者均是随机变量 x 的函数。定义

$$g(x) = R(x) - S(x) \qquad\qquad (1-4)$$

为极限状态函数。当然也可以考虑

$$g(x) = R(x) - k \cdot S(x) \qquad\qquad (1-5)$$

其中，k 为安全系数。

当 $g(x)<0$ 时，表示失效，其代表的区域表示失效区，$g(x)=0$ 和 $g(x)>0$ 则分别表示失效面和安全区。失效的概率用

$$P_f = P[g(x)<0] \tag{1-6}$$

表示。依据概率论的基本定义，极限状态函数 $g(X)$ 的均值和标准差分别为

$$\mu_g(X) = \mu_R(X) - \mu_S(X) \tag{1-7}$$

$$\sigma_g(X) = \sqrt{\sigma_R^2 + \sigma_S^2 - 2\rho_{RS}\sigma_R\sigma_S} \tag{1-8}$$

式中，$\mu_R(x)$ 和 $\mu_S(x)$ 分别为 $R(x)$ 和 $S(x)$ 的均值，σ_R 和 σ_S 分别为 $R(x)$ 和 $S(x)$ 的标准差，ρ_{RS} 为 $R(x)$ 与 $S(x)$ 的相关系数。于是，安全指数或可靠性指数由下式定义

$$\beta = \frac{\mu_g}{\sigma_g} = \frac{\mu_R - \mu_S}{\sqrt{\sigma_R^2 + \sigma_S^2 - 2\rho_{RS}\sigma_R\sigma_S}} \tag{1-9}$$

假如 $R(x)$ 和 $S(x)$ 不相关，即 $\rho_{RS}=0$，则

$$\beta = \frac{\mu_g}{\sigma_g} = \frac{\mu_R - \mu_S}{\sqrt{\sigma_R^2 + \sigma_S^2}} \tag{1-10}$$

图 1-8 是极限状态函数 $g(x)$ 的概率密度函数 $f_g(g)$ 在二维平面中的示意。

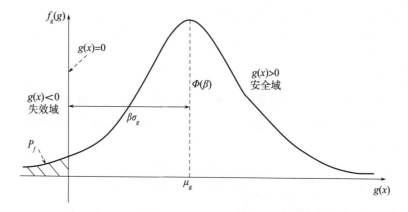

图 1-8 极限状态函数 $g(x)$ 的概率密度函数示意

一个特例是，假如 $R(x)$ 和 $S(x)$ 是正态分布且互不相关，由于极限状态函数 $g(x)$ 是 $R(x)$ 和 $S(x)$ 的线性函数，所以 $g(x)$ 的概率密度函数也是正态的，即

$$f_g(g) = \frac{1}{\sigma_g\sqrt{2\pi}}\exp\left[-\frac{1}{2}\left(\frac{g-\mu_g}{\sigma_g}\right)^2\right] \tag{1-11}$$

失效的概率则为

$$P_f = \int_{-\infty}^{0} f_g(g)\mathrm{d}g \tag{1-12}$$

更一般的情况是，当 $g(x)=0$ 时，失效概率变为

$$P_f = \int_{-\infty}^{0} f_g(g)\mathrm{d}g$$

$$= \int_{-\infty}^{0} \frac{1}{\sigma_g \sqrt{2\pi}} \exp\left[-\frac{1}{2}\left(\frac{0-\mu_g}{\sigma_g}\right)^2\right]\mathrm{d}g \qquad (1-13)$$

$$= \int_{-\infty}^{0} \frac{1}{\sigma_g \sqrt{2\pi}} \exp\left[-\frac{1}{2}\beta^2\right]\mathrm{d}g$$

$$= 1 - \Phi(\beta)$$

$$= \Phi(-\beta)$$

其中，$\Phi(\cdot)$ 是标准正态分布累计分布函数，$\beta = \dfrac{\mu_g}{\sigma_g}$，$\mu_g$ 和 σ_g 分别是极限状态函数 $g(x)$ 的均值和标准差。

当 $R(x)$ 和 $S(x)$ 均是随机变量 x 的函数时，我们熟知的结构安全系数也是一个随机变量

$$F(x) = \frac{R(x)}{S(x)} \qquad (1-14)$$

当 $F(x) = 1$ 时，结构处于临界失效状态。若 $F(x)$ 为正态分布，安全指数 β 为

$$\beta = \frac{\mu_F - 1}{\sigma_F} \qquad (1-15)$$

其中，μ_F 和 σ_F 分别是 $F(x)$ 的均值和标准差。

引入极限状态函数是一个极其重要的思想。在运载火箭的姿控系统设计中，极限状态函数可以定义为表征姿控系统的性能函数。例如，极限状态函数可以以系统的幅值裕度和相位裕度作为度量，即

$$\begin{cases} g_{GM}(x) = GM(x) - GM_R(x) \\ g_{PM}(x) = PM(x) - PM_R(x) \end{cases} \qquad (1-16)$$

式中，GM、PM 分别为设计的幅值裕度和相位裕度；GM_R、PM_R 分别为要求的幅值裕度和相位裕度。当然，还可以有其他形式的性能要求，例如把最大控制能力与干扰力矩之差当作极限状态函数。极限状态函数体现的是系统设计的约束，通过极限状态函数，就建立了可靠度和安全指数之间的关系。极限状态函数及其对应的设计概率因此作为约束引入了系统的设计中。

1.2.3　贝叶斯思想

很多情况下，我们对于不确定性的描述是根据不确定性已知的背景知识进行的。例如，根据已有信息，我们说事件 A 发生的概率是 $P(A)$，实际上也体现了对事件 A 发生的置信度，也就是说，这个概率实际上是主观概率，有时也称其为判断性概率或基于知识的概率[4]。任何一个主观概率都是基于已有的背景信息 K，这样的概率应该表达为 $P(A \mid K)$，但在很多实际应用时，K 都被省略掉了，原因是我们在评价或计算这个概率时，所依据的背景信息并没有修改[5]。随着我们获得越来越多的数据和证据，我们对现实

的认识会不断地更新和提高。因此，相应的背景知识的改变，事件 A 的概率也可能会改变。这就是贝叶斯（Bayes）思想。贝叶斯定理表述为

$$P(A\mid B)=\frac{P(B\mid A)P(A)}{P(B)} \tag{1-17}$$

式中，$P(A)$ 是 A 发生的先验概率；$P(A\mid B)$ 是已知 B 发生后 A 发生的条件概率，也由于得自 B 的取值而被称作 A 的后验概率；$P(B\mid A)$ 是已知 A 发生后 B 发生的条件概率，也由于得自 A 的取值而被称作 B 的后验概率；$P(B)$ 是 B 发生的先验概率，有些文献上也称作标准化常量（normalized constant）。

$\dfrac{P(B\mid A)}{P(B)}$ 称作可能性函数（likelihood）：

当 $\dfrac{P(B\mid A)}{P(B)}>1$ 时，A 的先验概率被增强，A 发生的可能性变大；

当 $\dfrac{P(B\mid A)}{P(B)}=1$ 时，B 事件无助于判断 A 发生的可能性；

当 $\dfrac{P(B\mid A)}{P(B)}<1$ 时，A 的先验概率被削弱，A 发生的可能性变小。

很多教科书上对贝叶斯定理的推导是从集合的视角进行的，如图 1-9 所示。

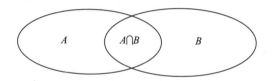

图 1-9　从集合角度理解贝叶斯定理

由于 $P(A\cap B)=P(A\mid B)P(B)$（$B$ 发生的概率与 B 发生且 A 发生的概率的积），且 $P(A\cap B)=P(B\mid A)P(A)$（$A$ 发生的概率与 A 发生且 B 发生的概率的积），上面两式应相等，于是 $P(B\mid A)P(A)=P(A\mid B)P(B)$，所以得到和式（1-17）一样的结果

$$P(A\mid B)=\frac{P(B\mid A)P(A)}{P(B)}$$

贝叶斯思想给我们的启示是，随着新证据的不断出现，我们的信念会不断更新。贝叶斯方法允许我们以一种系统化和数学逻辑化的方式调整我们对假设或认识的信念。由此，我们通过考虑先验的知识和当前的证据，可以预测未来事件发生的概率。所以，贝叶斯定理告诉我们，起点并不像我们想象的那么重要，快速更新信息和迭代很重要，信息越充分，结果的可信度越高，应不断根据信息进行调整，不断逼近真相。过去的事件或数据可以提供有关未来的信息，这也就是以史为鉴的意义，无怪乎丘吉尔说："你能看到多远的过去，就能看到多远的未来。"

在火箭系统设计中，我们常常遇到小子样问题，这就使得火箭系统设计面对处理不确定的问题变得更为复杂。针对子样有限的问题，可以从两个方面来讨论。

一是子样有限的情况下，如何利用这些子样的信息来分析不确定性，以达到有效使用

这些信息的目的。

二是子样有限的情况下，如何充分利用同源或异源的替代试验的先验信息，将这些信息和已有的小子样信息融合，进行不确定性特性分析，以实现设计目标。

在这两种情形下，贝叶斯的思想和方法都可以发挥作用。

1.2.4 熵、信息熵和试验熵

熵在我们要研究的问题中有什么作用？在回答这个问题之前，我们先回顾一下熵的概念。

1850 年，克劳修斯在热力学的观点中提出"热不能自发地从低温物体传到高温物体"，提出热量传递过程中"熵"要变化的概念，并把熵定义为热力学系统的一种状态函数。

对于可逆系统，熵的增量是输入该系统的热量对于温度的比值。即

$$dS = \frac{dQ}{T} \tag{1-18}$$

式中，S 为系统的熵；Q 为系统的热量；T 为系统的温度。

对于确定的初始状态和终点状态，熵的总增量与积分路径无关

$$S_B - S_A = \int_A^B \frac{dQ}{T} \tag{1-19}$$

但对于不可逆系统，则有

$$dS > \frac{dQ}{T} \text{ 或 } S_B - S_A > \int_A^B \frac{dQ}{T} \tag{1-20}$$

现实世界的过程都不可逆，所以，现实世界里的熵是不断增加的，从而有"热寂"说。

1887 年玻耳兹曼把熵定义为

$$S = k \ln W \tag{1-21}$$

式中 k ——玻耳兹曼常数，$k = 1.38 \times 10^{-23} \text{J/K}$；

W ——系统中一切可能出现的围观组态的数目，$W = \dfrac{N!}{\Pi N_i!}$，$i = 1, 2, \cdots, m$；

N ——系统中粒子的总数；

m ——系统中全部粒子的可能状态总数；

N_i ——系统中处于第 i 种状态的粒子总数，且 $\sum\limits_{i=1}^{m} N_i = N$。

上面的定义还是不好理解，我们看一个例子。

如果 $m = 1$，也就是系统中全部粒子的可能状态总数只有一种，这时 $W = 1$，系统中全部粒子的状态完全一致，系统的有序度最高，此时，$S = 0$。

当 m 的数值增大，也就是系统中全部粒子的可能状态总数增加，将意味着系统中的混乱程度增大。这时，还要看 N_i 的分布情况。比如，$m = 3$，$N_1 = N - 2$，$N_2 = N_3 = 1$，

也就是说，如果大多数粒子集中在第一种状态，而其他状态的粒子极少，则系统的有序度还是很高的，这时 S 略微比 0 大一点，具体可计算如下

$$S = k\ln\frac{N!}{(N-2)!} = k\ln[N(N-1)] \approx k\ln N \tag{1-22}$$

于是，我们可以推理得到，当 m 值一定时，若粒子在各状态间均匀分布，则系统的混乱度最大。也就是说，均匀不是有序，这时的熵也最大。由此可以看出，熵是系统无序状态的指标。熵本来是宏观系统的状态量，玻耳兹曼建立了微观分子运动同熵的联系，开创了统计力学，并对系统科学如何透过微观运动来理解和把握宏观现象的问题带来了深刻的启发。

1948 年，香农（Shanno）将统计物理中的熵引入到信息论中，提出了信息熵的概念。香农认为，通信的基本问题是要使得信道的接收端尽量精确复现从发送端发出的消息（message），消息可能有各种各样的形式，其数学抽象的实质就是"信息"（information）。香农要定义一个量来度量通信过程所产生的信息的多少，即信息的度量（后面简称"信息量"）S。

传递消息的目的是要使得信息接收方对某相关事件了解的不确定性得以消减。假设在消息传递之前，某相关事件有 n 种出现的可能，而当消息被接收之后，却只有其中某一种可能性被确认，故该消息中所含的信息量 S 应同它所消除的不确定性正相关。设在上述 n 种可能性之中的第 i 种可能性出现的概率为 p_i，$1 \leqslant i \leqslant n$，$\sum p_i = 1$。显然，信息量 S 应该是各个 p_i 的连续函数。其次，若 n 种可能选择的机会均等（注意前面我们提到的均匀的概念），此时的不确定性最大，且 $p_i = \dfrac{1}{n}$，n 越大，选择的可能性就越大，不确定性就越大。第三，如果消息 X 由 X_1 和 X_2 两段消息组成，则信息量 $S(X)$ 应该是 $S(X_1)$ 与 $S(X_2)$ 之和。香农发现并且证明，只有下面的信息量 S 的定义才符合上面三点要求

$$S(p_1, p_2, \cdots, p_n) = -K\sum_{i}^{n} p_i \log_a(p_i) \tag{1-23}$$

式中　i——所有可能的样本个数；

　　　p_i——可能消息的集合中第 i 条消息出现的概率；

　　　K——正值常数，根据研究对象的单位确定的常数；

　　　a——对数的底［a 为 2，$K = 1$ 时，定义信息量的单位为"比特"（Bit）。a 为 2 时，熵的单位为 Nat，a 为 10 时，熵的单位为 Det］。

于是在香农的著作中，$S(p_1, p_2, \cdots, p_n)$ 被称作"信息熵"[6]。注意，这里定义的信息量和信息熵实际上是一正一负的概念。维纳认为[7]，信息量实际上是负熵。系统的信息熵大，说明系统状态的不确定性大，对系统无知的程度也大，或者说系统的无序度大，混乱度大；若我们获得的信息量多，则表示对系统认识的不确定性的消除程度大。

看到这里，我们意识到熵应该能在不确定性的研究和实践中发挥作用。实际上，熵确实可以用作计量不确定程度的标尺。任何物质系统在外部的约束条件下，其内部总是有一定的自由度的，这种自由度导致系统内的各元素处于不同的状态，而状态的多样性和丰富

程度可以由熵来体现。熵最大就是丰富程度自动达到最大值。换句话说，"事物总是在约束条件下争取或呈现最大的自由权。"可见，熵在自组织系统中是一个重要的概念，在后面我们要讨论的抽样设计、灵敏度分析和模型构建中，熵的概念具有重要作用。

后来有人在信息熵的基础上提出试验熵：按照信息熵的思路，把熵和某产品的可靠度（或不可靠度）结合，这样一来，就把信息熵的概念成功地映射到试验领域

$$S = -\log_a(R) = -\log_a(1-Q) \tag{1-24}$$

式中　R ——产品的可靠度；

　　　Q ——产品的不可靠度。

1.2.5　抽样设计

抽样是从总体中选取部分个体从而研究或推断总体的方法。那么，如何抽取样本呢？由于我们研究的这个总体通常是庞大的、复杂的、非线性的，全面研究和调查整个总体是不可能的，因此，我们会通过抽样方法来获取一个较小的但有代表性的样本，以此来估计或推断总体的特征。"海里面有很多鱼，假如放一张网进去，网上的网眼都是一尺大，那么我们看到世界上所有的鱼都是一尺以上的，是不是我们的工具阻碍了我们的认知？"抽样设计就是研究如何构建一张合适的网，网眼既不能大，也不能太小，使得我们对抽样的结果既经济，又客观反映真实情况。

抽样设计一般包括抽样方案设计及抽样数据分析两个方面。在一些文献中，有把实验设计（Design of Experiment，DOE）当作抽样设计的，也有一些把试验设计当做抽样设计的。这里有专业领域的习惯问题，其内涵也稍有不同。实验设计一般用于科学领域和生产生活领域，试验设计在工程领域似乎用得更普遍。另外，试验设计还包含一个层面，就是根据试验研究的对象和目的，在试验任务实施之前，对试验工作各方面、各环节、全过程进行的通盘考虑和适当安排。例如，试验设计工作既可以指对运载火箭整个寿命周期内一系列试验任务的规划和安排，也指对某一项具体试验任务的规划和安排。一个优化的试验方案，既要能够满足对火箭技术性能评价的要求，还要考虑试验成本、试验设施、试验设备等实际条件的限制，以合适代价获取试验数据和试验结果。其中，统计试验设计的问题就是以尽可能少的试验次数来获得足够和有效的试验数据，以满足火箭性能指标统计推断在精度、风险等方面的要求，这包括合理选取试验点和试验样本量两个方面。研究试验样本组合设计方法，旨在使试验既满足试验充分性要求，同时又能够消耗最少的试验资源。

本书为避免歧义，采用抽样设计的概念。在后面灵敏度分析、代理模型、不确定性分析和设计各章内容中，抽样设计都是一个重要的手段和方法。

抽样方法最大的优点是，可以直接用试验的方法得到系统的数学解或者系统输出的概率信息，而这些解或信息用传统常规的方法不容易获得。蒙特卡洛（Monte Carlo）方法是一种常见的方法，它是在输入变量 X 的空间简单地随机抽点，从而得到输出 Y 的信息。抽样点数越多，结果也就越精确，这种方法在结构设计、飞行控制系统设计中有众多的应

用。另一种方法是，在我们关注的区域内采用一定的策略进行随机抽样，把每个变量对应的区域分成出现概率相同的子区域，每个子区域仅采样一次（一个变量的某子区域只与另一个变量的子区域结合一次）。这个思路与拉丁超立方（Latin Hyper Cube）抽样方法类似（其中 Hyper 一词实际上把二维拓展到多维），如图 1 - 10 右图所示。那么，到底什么是最优的抽样分布呢？文献［8］证明最优抽样分布实际上是一个最大熵的分布。

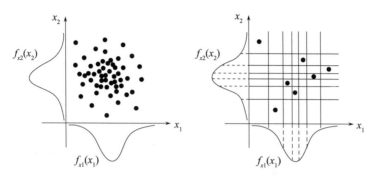

图 1 - 10　完全随机抽样和一定策略下随机抽样的对比

文献［9］给出了一个例子。对于任意面积范围可以近似用 m/n 来计算，n 是采样点，m 则是落在所考虑的面积范围内的点。

图 1 - 11 是一个不同方式的抽样实例，该实例引自文献［9］。这个例子清晰地给出抽样方法的基本思想和关键点。如图 1 - 11（a）所示，S 是某一个规定的面积，准确的面积为 0.47。抽样仿真方法可以用来近似估计 S 的面积，即在图上随机打靶，落入 S 区域内的点 m 和总的打靶点 n 之比，就是 S 的近似面积。图（b）是用均匀分布进行 50 次打靶后的结果，其中 21 个点落在面积 S 内，这样得到的 S 的面积为 0.42。很显然，分布类型和边界线形状对计算结果的影响是决定性的。

当抽样方案瞄着 S 区域的中央，50 次均匀抽样的结果如图（c）所示，47 次在区域 S 的内部，得到的面积是 47/50＝0.94，这个结果和实际的结果相去甚远。

另一个影响精度的重要因素是抽样的数量。如图（d）所示，用均匀分布 500 次的抽样结果，得到的面积估计为 0.476，这和理论的结果就非常接近了。

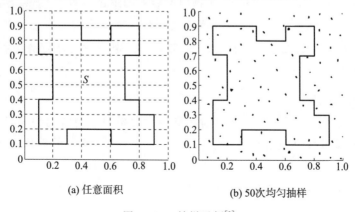

(a) 任意面积　　　　　　　(b) 50次均匀抽样

图 1 - 11　抽样示例[9]

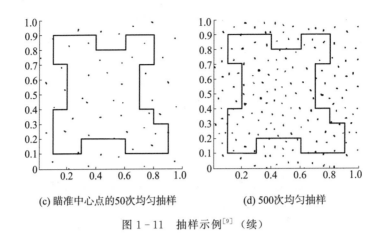

(c) 瞄准中心点的50次均匀抽样　　　　(d) 500次均匀抽样

图 1 - 11　抽样示例^[9]（续）

　　蒙特卡洛模拟是一种广泛使用的抽样方法。按照文献［10］的定义，蒙特卡洛模拟方法是一种使用随机数的算法，属于抽样设计的一种方法。很多文献直接把抽样法和蒙特卡洛模拟方法等同，实际上并不确切。

1.2.6　不确定性传播

　　典型系统输入、输出关系可以表达为：

$$y = f(x) \tag{1-25}$$

式中，x 为输入变量的向量；y 为系统输出或响应的向量，也可用来代表所研究系统的性能。$f(\cdot)$ 代表输入和输出之间的函数关系，也叫映射或变换。

　　在工程领域，$f(\cdot)$ 往往没有一个显性的解析关系。加之，当输入 x 具有不确定性时，式（1-25）实际上就代表了输入变量 x 及其不确定性通过 $f(\cdot)$ 向输出 y 的传播过程，也就是体现了输入不确定性和输出不确定性的映射关系。由于 x 和 y 都可能是高维的，使得输入 x 和输出 y 之间的映射关系变得尤其复杂。

　　研究不确定性传播时，常常会遇到两个重要的概念，一个是不确定性分析，另外一个是灵敏度分析。由于 x 的不确定性，输出 y 有什么样的特征及其不确定性度量，是前者关注的问题。而输入 x 中某一个元素 x_i 对输出 y 影响的量化（如图 1-12 所示），是后者需要解决的问题^[11]。实际工作中，二者在概念层面和计算的具体实施层面有着紧密的联系，这也是它们容易在概念上混淆的原因。一些文献直接把不确定性传播与不确定性分析等同，这是不太恰当的。

1.2.6.1　灵敏度分析

　　灵敏度对我们来说并不陌生。在火箭运载能力分析时，经常用到偏导数的概念，如，每增加 1 kg 推进剂或发动机增加 1 s 的比冲，对射程有多少 km 的贡献，就是灵敏度概念的直接体现。

　　对式（1-25）所表达的系统进行研究时，众多的输入、输出变量和复杂的映射关系 $f(\cdot)$ 可能会让我们摸不着头脑，使得我们不知道该把注意力和主要力量放在哪里。这时，灵敏度分析就提供了一个重要的思想方法和工具。在不确定性条件下，不确定性因素本身及其响应的建模、优化需要大量数据子样支撑，在设计过程中大量的不确定性因素会造成巨大的分析与计算成本，因此，设计时为了抓住主要矛盾，需要对不确定性因素进行灵敏度分析，以便确定哪些是影响输出的主要因素，从而集中精力搜集更多的围绕该主要因素的有用信息，研究该主要因素对输出的影响，从而简化问题、简化设计。可以说，灵敏度分析是矛盾论思想在数学和工程方法上的体现。

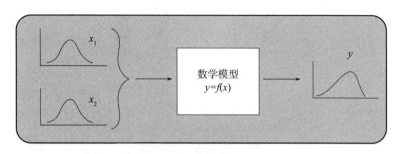

图 1 - 12 灵敏度分析

灵敏度分析主要包括局部灵敏度分析和全局灵敏度分析。局部灵敏度分析用于确定可靠度或某一状态变量在当前点邻域内对各不确定性变量的偏导数信息，以此对寻优提供搜索方向，提高搜索效率；全局灵敏度分析又称为重要性测度分析，用于确定系统设计变量或参数对系统性能的影响大小，量化模型本身与模型输入中各项可变因素对模型输出变化的影响程度，以此对各个不确定性因素的重要性进行排序，滤除不重要因素，降低问题的复杂度。

灵敏度分析也是一个对黑箱模型进行建模的过程。通过量化的灵敏度分析，来决定这个模型是否能代表真实的系统，同时识别出哪个或哪些输入参数 x_i 对输出 y 的变化影响最大，这样我们可以集中精力对这些输入参数投入更多的资源，从而更准确地获取关于输入参数 x_i 的信息；同样，对影响不大的参数，我们可以将其从模型中拿掉，从而进一步降低系统的复杂程度。另外，一些灵敏度分析方法可以告诉我们在设计空间内哪些输入之间相互耦合。

针对不确定性的灵敏度分析研究，对于认知不确定性的灵敏度分析方法研究相对较少，目前主要还集中在随机不确定性的概率灵敏度分析方法层面，例如，基于抽样仿真的方法、微分方法、响应面方法、方差分解方法、傅里叶振幅灵敏度测试方法等。其中，基于抽样仿真的方法具有简单易行的特点而应用最为广泛，只需对不确定性变量空间进行抽样来获取样本数据，即可通过对样本数据进行分析以获取灵敏度信息。第 4 章我们将介绍这些典型分析方法。

1.2.6.2 不确定性分析

不确定性分析是研究各种不确定性对系统性能（泛指系统输出）的影响规律的方法，即如何根据系统输入（环境不确定性也应作为系统的输入）和系统模型本身的不确定性对系统输出不确定性的分布特征进行量化。简而言之，不确定性分析就是在给定输入的不确定性信息下，如何量化输出响应的不确定性信息。

　　不确定性分析有三个关键的要素，如图 1-13 所示。一是输入的变化特性的描述，这将在本书的第 2 章进行讨论。二是所研究系统的物理模型的数学描述，这将在本书的第 6 章进行讨论。当建模的问题过于复杂时，我们要用灵敏度分析的方法剔除一些不重要的变量，对模型进行简化。三是将输入的变化通过模型的传递，来确定输出变化的特性，这将在本书的第 7 章进行讨论。

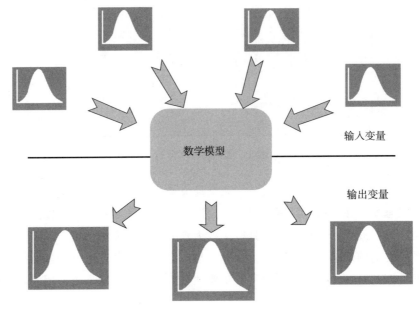

图 1-13　不确定性分析

　　选择一个不确定性分析的方法时，应该考虑到不确定性量化的水平、置信水平的准确性、计算的开销和能容忍的费效比，这些方法最终体现出的性能与问题的设定有关，例如，输入不确定性的分布特性，性能函数的非线性，输入变量的数量，要求结果的分辨率，等等。每一种方法都有其解决某些问题的特长，一些经典的文献（如文献 [12]）对这些方法进行了比较。

　　不确定性分析方法主要分为五种：仿真法、局部展开法、最大可能点法、数值积分法和函数展开法。具体实施方法见表 1-1。

表 1-1　典型不确定性分析方法

分类	具体实施方法
仿真法	蒙特卡洛随机抽样、重要性抽样、自适应抽样等
局部展开法	一阶泰勒级数展开（First order Taylor series method，FOSM） 二阶泰勒级数展开（Second order Taylor series method，SOSM）
最大可能点法	一阶可靠性方法（The first-order reliability method，FORM） 二阶可靠性方法（The second-order reliability method，SORM）

续表

分类	具体实施方法
函数展开法	Neumann 展开法(The Neumann expansion) 多项式展开法(the polynomial chaos expansion,PCE)
数值积分法	全因子数值积分法(Full factorial numerical integration,FFNI) 降阶法(Dimension reduction,DR)

在不确定性分析里，根据是否对系统模型进行更改，又可分为侵入式和非侵入式两类方法。侵入式方法主要通过对系统模型添加不确定性项，以此直接将不确定性影响纳入系统模型；非侵入式方法将系统模型作为黑箱处理，只根据其输入输出进行不确定性分析，无须对系统模型进行修改，因而能够直接基于原有系统模型进行分析。侵入式方法主要包括多项式混沌展开（Polynomial Chaos Expansion，PCE）法、随机有限元谱分析、矩平衡方法、协方差匹配方法、基于贝叶斯网络的方法等。非侵入式方法主要包括蒙特卡洛仿真（Monte Carlo Simulation，MCS）、泰勒级数展开近似法、一阶可靠性法、二阶可靠性法、区间分析方法等。

1.2.7 近似模型和代理模型

工程问题的研究和设计离不开模型。以式（1-26）为代表的系统数学模型为例

$$Y = f(X) \tag{1-26}$$

式中，$X = \{x_1, x_2, \cdots, x_m\}$ 是系统 m 个输入变量；$Y = \{y_1, y_2, \cdots, y_n\}$ 是系统 n 个输出或响应量；$f(\cdot)$ 代表输入和输出之间的函数关系。

在工程上，$f(\cdot)$ 往往十分复杂，例如，在火箭气动特性计算和结构的有限元分析时，要花费数小时或数天时间，很多情况下写不出解析表达式，有的时候即使能写出表达式，也由于太繁复而在实际使用上没有价值，或者在实际应用时耗费大量资源。很自然地我们会想到，能不能创建一个模型，既能相对简单，又能有效反映输入 $X = \{x_1, x_2, \cdots, x_m\}$ 和输出 $Y = \{y_1, y_2, \cdots, y_n\}$ 之间的函数关系。用这个近似模型的好处是：更好地分析和理解 X 和 Y 之间的关系，以便在资源开销允许的情况下更易于在设计空间寻找最优解。

我们可以记输入 $X = \{x_1, x_2, \cdots, x_m\}$ 和输出 $Y = \{y_1, y_2, \cdots, y_n\}$ 之间的实际函数关系为式（1-26），那么我们想找到一个近似模型（模型的模型，model of the model），或元模型（metamodel，meta 在希腊原文中代表"超出现实"）、代理模型（Agent model），在数学本质上我们可以称之为函数逼近或拟合，为

$$\hat{Y} = \varphi(X) \tag{1-27}$$

式中，$\hat{Y}$ 是原来模型的一个近似或代理，使得以下条件满足

$$Y = \hat{Y} + \varepsilon \tag{1-28}$$

其中 ε 代表近似误差和随机测量的误差。图 1-14 所示是我们找到的近似或代理模型，左图相比右图，其 ε 要"小"一些，因而就更"好"一些。从根本上讲，近似或代理模型解

决 $f(X)$ 是什么的问题！近似模型和代理模型本质上还是有一些差别的，近似模型是简化的结果，代理是一个替代，如基于神经网络的大模型严格地讲只是一个代理。

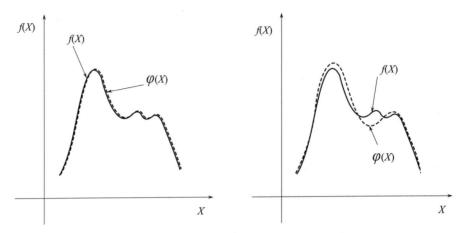

图 1-14　近似或代理模型示意

在数学上，我们考虑在区间 $[a, b]$ 中用 $\varphi(X)$ 近似 $f(X)$，一般应该有下面的要求

$$\varphi(X) \approx f(X) \tag{1-29}$$

$$\varphi'(X) \approx f'(X) \tag{1-30}$$

$$\int_a^b \varphi(X)\mathrm{d}X \approx \int_a^b f(X)\mathrm{d}X \tag{1-31}$$

模型的确定有以下几个步骤：

1）选择抽样设计方法，产生输入、输出数据集合。这里可以通过灵敏度分析确定哪些输入对输出数据作用有限，可以过滤掉这些输入，使输入降维，进一步简化问题。

2）选择一个模型。根据实际情况，可选择多项式、样条函数等。

3）确定一个模型拟合的方法，常用的有最小二乘拟合、加权最小二乘拟合等。

图 1-15 是文献 [13] 归纳的典型模型创建方法。例如，要建立一个神经网络的模型，其拟合的方法是反向传播（back-propagation），而响应面法（Response Surface Methodology，RSM）通常采用二阶多项式的形式，用最小二乘进行回归拟合。

1.2.8　鲁棒性

设计鲁棒性（Robust）又称稳健性，指系统性能相对于设计不确定性的稳定性，表征系统性能对设计不确定性的不敏感程度。

Taguchi 最早提出鲁棒性的概念[14]。Taguchi 提出的鲁棒参数设计，是使生产过程对环境因素或难以控制的因素不敏感，从而使产品对元器件的变异不敏感；控制过程变量的水平使得产品性能的均值达到目标值，同时减少围绕该值的变异。换句话说，在不消除或不减小不确定性源的情况下，通过设计使得不确定性因素对产品质量的影响最小，从而改善产品质量。

在工程系统中存在大量的不确定性的情况，如载荷条件、材料特性、零件物理尺寸波

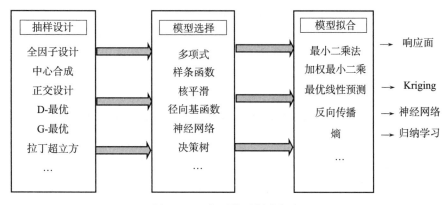

图 1-15　典型模型创建方法

动、环境条件变化等。工程鲁棒设计的目标是如何利用干扰因素与产品质量间的非线性效应，通过调整设计变量及控制其容差，使产品或系统的功能函数对各种干扰具有较好的稳定性（不敏感性）。鲁棒优化设计的目标是通过选择适当的设计变量，减少由于其扰动引起的性能变化，并满足设定的约束条件，实现性能目标函数的方差或偏差最小化，实现设计可行、稳健。

　　运载火箭三通道的动力学模型如图 1-16 所示。图中，$K(s)$ 是控制器，$P(s)$ 是火箭自身的特性，r 是参考输入指令，n 是传感器的噪声，di 是被控对象的输入干扰，d 是被控对象的输出干扰，y 是系统的输出。这些噪声和干扰在实际的控制系统设计中是客观存在的。在这个条件下，如何设计控制器 $K(s)$，使得输出仍能跟随输入 r，是控制系统需要解决的鲁棒性问题。所以，"标准的控制理论告诉我们如何在模型确定和正确的情况下，解决最优控制的设计问题；当只能近似描述正确的模型时，鲁棒控制理论告诉我们如何设计一个好的控制器。"

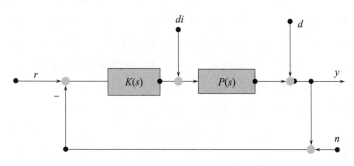

图 1-16　运载火箭动力学模型示意图

1.3　本书主要内容

　　一个工程系统的实现涉及两个关键，一个是算法，另一个是产品。算法是软性的，在宏观层面它代表着设计思想、设计理念，微观层面指具体的设计方法；产品是硬件，其设计能否成功转化为实际制造，价格能不能接受，以及能不能保证一致性和可靠性，这些都是衡量设计、材料选择、工艺水平、制造能力和成本控制等方面水平的体现。设计的好坏又很大程度上直接决定了产品的硬件实现。一个好的工程系统中，二者相互结合，缺一不可。

本书重点讨论算法中的设计方法问题。设计是一个建模、分析、不断调整、迭代优化和确定的过程。本书对运载火箭概率设计的数学基础、模型分析构建和设计方法等内容进行介绍，力求用简洁的方式描述相关的数学概念、方法及其背后的意义，并尽可能用一些简单的实例进行说明。

目前，针对本书中所提及的许多方法已经有很丰富的软件工具作为支撑。这些软件工具在带来巨大方便的同时，也容易导致我们对软件工具背后的算法及其支撑理论不太关注或理解不深，或者不清楚其背后的实质，不能知其然并知其所以然。一种算法是在什么情况下提出的，它有什么局限性，能够在哪些方面进一步完善？任何一种算法都有其自身产生的背景和适用对象，没有一种算法能够一劳永逸地解决所有问题。如何创新算法，也是工程设计人员的一个短板。希望本书能帮助我们掌握和理解概念和算法背后的数学基础，从而能在各自领域或专业方面提出和发展有针对性的具体方法。

全书共 8 章。

第 1 章绪论，提出了不确定条件下运载火箭精细化设计的背景要求，对不确定性及其主要相关设计概念进行了简要介绍。第 2 章不确定性描述的数学基础，对不确定性描述的相关基础知识进行了归纳，重点讨论了概率模型、凸集模型、区间模型、模糊模型、证据理论等主要概念和方法。第 3 章运载火箭总体设计不确定性分析，从运载火箭总体设计的角度，对各主要专业遇到的典型不确定性及其特征进行分析。针对火箭子样数相对缺乏的问题，介绍了小子样正向问题和逆问题的求解思路，供研究人员在实际工作中进一步应用探索。第 4 章抽样设计，对抽样设计方法进行了简要总结，重点介绍了随机抽样、正交设计、均匀设计和拉丁超立方设计的概念和基本思路。第 5 章灵敏度分析，归纳总结了典型的灵敏度分析方法，重点对以蒙特卡洛方法为基础的主要灵敏度方法、方差分解法、傅里叶幅值灵敏度检验法等进行了深入讨论。第 6 章近似模型和代理模型，详细介绍了响应面法、正交多项式法、支持向量回归、Kriging 法和人工神经网络等方法，并回顾了其背后主要的数学基础。第 7 章概率不确定性分析，介绍了基于抽样的仿真法、局部展开法、最大可能点法、数值积分法和函数展开法等典型的概率分析方法，并结合部分实例进行了分析。第 8 章基于概率不确定性的设计，讨论了鲁棒优化和可靠性优化两个重要概念，并用典型的实例介绍了基于概率不确定性的设计方法。

参 考 文 献

［1］ DOORN N，HANSSON S. Should Probabilistic Design Replace Safety Factors？ ［J］. Philos Technol，2011（24）：151－168.

［2］ FERSONA S，JOSLYN C A，et al. Summary from the epistemic uncertainty workshop：Consensus amid diversity ［J］. Reliability Engineering and System Safety，2004，85（1－3）：355－369.

［3］ ROSS T J，BOOKER J M，MONTOYA A C. New developments in uncertainty assessment and uncertainty management ［J］. Expert Systems with Applications，2013（40）：964－974.

［4］ LINDLY D V. Understanding Uncertainty ［M］. London：John Wiley & Sons，2013.

［5］ 康锐，等. 确信可靠性理论与方法 ［M］. 北京：国防工业出版社，2020.

［6］ SHANNO C E. 通信的数学理论 ［M］. 上海：上海市科学技术编译馆，1965.

［7］ 维纳 N. 控制论 ［M］. 北京：科学出版社，1962.

［8］ LEVINE D. Monte Carlo，maximum entropy and importance sampling ［J］. Chemical Physics，1998（228）：255－264.

［9］ CHOI S K，GRANDHI R V，CANFIELD R A. Reliability Based Structural Design ［M］. Springer，2007.

［10］ KNUTH D. Seminumerical Analysis，The Art of Computer Programming ［M］. ADDISON－Wesley，MA，1969.

［11］ HELTON J C，JOHNSON J D，SALLABERRY C J，STORLIE C B. Survey of sampling－based methods for uncertainty and sensitivity analysis ［J］. Reliability Engineering and System Safety，2006（91）：1175－1209.

［12］ LEE S H，CHEN W. A comparative study of uncertainty propagation methods for black－box－type problems ［J］. Struct Multidisc Optim，2009（37）：239－253.

［13］ SIMPSON T W，PEPLINSKI J D，KOCH P N，ALLEN J K. Metamodels for Computer－based Engineering Design：Survey and Recommendations ［J］. Engineering with Computers，2001（17）：129－150.

［14］ DU X P，CHEN W. Towards a Better Understanding of Modeling Feasibility Robustness in Engineering Design ［J］. Journal of Mechanical Design，2000（122）：385－394.

第 2 章　不确定性描述的数学基础

工程设计过程会面临众多的不确定性。这些不确定性涉及模型的简化、数据的波动、生产制造过程中人员的操作、设备的不稳定、材料特性的散差、外界环境条件变化等，这些大多是随机的。标称或标准状态只是理想状态，变化才是常态。这些变化的不确定性因素会对设计性能造成影响。设计不能仅考虑标称状态，因为我们还关心标称状态之外的边界状态下的设计性能。如果我们能获得这些不确定性因素可能的特征，就可以分析其对输出性能影响的程度，进而控制这些因素，得到我们期望的结果。对不确定性的描述有不同的方法，本章简要介绍这些描述方法的概念和基本思路。

2.1　数据分析和建模

马克思曾经说过："一门科学只有成功运用数学时，才算达到了完善的地步。"[1] 不夸张地说，数学在某个领域被应用的水平，也标志着这个领域的发展水平。

现实中我们会常常提到原型（Prototype）和模型（Model）。原型和模型是一对对偶体。原型是真实的实际存在的对象，在科学和工程领域通常以系统（System）或过程（Process）的形式出现。模型则是为了某个目的而将原型的信息进行简缩、提炼而构成的替代物。工程上的数学模型则是针对特定对象，提出必要的假设，运用适当的数学工具，描述特定对象的内在规律，从而获得的一个数学结构。在工程问题中，涉及分析、设计、预测、决策、控制等定量研究的各个环节，构造数学模型几乎是每个环节的关键。

同样，在研究工程不确定性问题时，我们首先想到这些不确定性有什么特征，能用什么数学形式描述。工程设计要用到大量的输入数据，这些输入的数据可能是经验数据，也可能是计算的结果，还有可能是其他产品或其他试验的结果。设计本身也会产生大量的数据，这些数据或者以图纸、文件的形式出现，或者以产品的形式出现。数据是设计的基础，对所获得数据进行分析，从而获得数据的数学特征和规律，就是建模的过程。

对于数据的分析建模，常用的有以下几个思路，如图 2 - 1 所示。这几个思路都是从问题开始到得到结论，但不同的思路中间过程还是有些不同。

第一个思路是常用的分析方法，强调的是这些数据可能符合的模型。因此，在获得数据之后，先假设一个模型（可以是确定性模型，也可以是概率模型），然后是分析、估计和检验这个模型的参数。这种分析方法本质上是定量的，涉及的定量分析工具包括假设检验（hypothesis testing）、方差分析（analysis of variance）、点估计（point estimates）、置信区间、（confidence intervals）和最小二乘回归（least squares regression），在后面的章

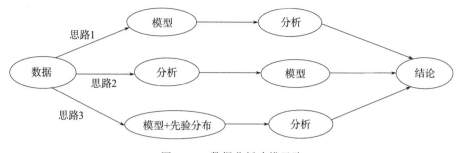

图 2-1　数据分析建模思路

节我们会讨论到这些常用的方法。这些方法是工程概率分析的基础，其最大的特点是严格、正规和客观。

　　我们常用的确定性模型可以是回归模型，常用的概率模型大多假定是正态分布的。在概率模型中，该方法是在数据和几个数之间建立一个映射（这几个数就是后面要说到的"估计值"，如均值和方差），这既是优点，又是缺点。优点是，这几个数代表着分布模型的重要特性，如位置在哪、偏离多少等，这使我们可以聚焦问题。缺点是，仅仅聚焦这几个特性，可能会使我们过滤掉其他一些信息，如偏度、拖尾长度、自相关性等。从这个意义上讲，丢失的信息是由于这个过滤过程导致的。同时，这种方法非常敏感，比较依赖基本假设，如模型的假设。对于概率模型的这种正态性的假设，其检验结论的有效性也就直接和基本假设的有效性相关，特别在基本假设未知的情况下问题就更严重，结果可能会引发质疑。这也从侧面说明了事情都有正反两面性，任何方法都不可能具有普适性。

　　第二个思路是，拿到数据之后的工作不是先设定一个模型，而是首先关注数据本身的结构、异常点或离群点（例如，风洞试验给出的气动数据一般总会有几个点和其总体的规律不一样）。在这方面，数据一般会给我们一些提示，帮助我们分析推断什么样的模型是合理的。这种方法一般以图形工具为代表，如散点图、直方图、盒图等。通过这些方法，我们可以给出直观的、指导性的建议，从而弥补自身在严格性方面的不足。文献 [2] 给出了几十种图形工具，可以根据需要采用不同的图形工具。

　　第三类方法是贝叶斯分析，它是把工程上的一些先验知识和获得的数据结合起来的方法。贝叶斯方法认为，无论如何，进行观察以获得样本之前，总会对数据的分布有一些先验的知识信息，这些信息对构建全面、准确的模型是有益的。

　　严格地讲，这三种思路没有优劣之分，只是各自有其擅长的场景。在实际中一般应根据情况，灵活运用上述方法。

　　下面举例说明图形工具在洞察数据特性方面是何等重要。1973 年，统计学家 F.J. Anscombe 构造出了四组奇特的数据集（x，y），见表 2-1。

表 2 - 1 Anscombe 数据集

第一组		第二组		第三组		第四组	
x	y	x	y	x	y	x	y
10.00	8.04	10.00	9.14	10.00	7.46	8.00	6.58
8.00	6.95	8.00	8.14	8.00	6.77	8.00	5.76
13.00	7.58	13.00	8.74	13.00	12.74	8.00	7.71
9.00	8.81	9.00	8.77	9.00	7.11	8.00	8.84
11.00	8.33	11.00	9.26	11.00	7.81	8.00	8.47
14.00	9.96	14.00	8.10	14.00	8.84	8.00	7.04
6.00	7.24	6.00	6.13	6.00	6.08	8.00	5.25
4.00	4.26	4.00	3.10	4.00	5.39	19.00	12.50
12.00	10.84	12.00	9.13	12.00	8.15	8.00	5.56
7.00	4.82	7.00	7.26	7.00	6.42	8.00	7.91
5.00	5.68	5.00	4.74	5.00	5.73	8.00	6.89
均值 9.0	均值 7.5	均值 9.0	均值 7.5	均值 9.0	均值 7.5	均值 9.0	均值 7.5

在四组数据集（x，y）中，每组数的 x 和 y 各自有 11 个数，从表 2 - 1 中可以看出，x 的均值都为 9.0，y 的均值都为 7.5，x 与 y 之间的相关系数为 0.816。相关系数（correlation coefficient）是变量间关联程度的最基本测度之一，后面会进一步讨论这个概念。如果想知道两个变量之间的相关性，那么就可以通过计算相关系数 r 进行判定：

当 $0 \leqslant |r| < 0.3$ 时，x 与 y 之间低度相关；

当 $0.3 \leqslant |r| < 0.8$ 时，x 与 y 之间中度相关；

当 $0.8 \leqslant |r| < 1$ 时，x 与 y 之间高度相关。

由此判断，四组数据统计特性完全一样，似乎这四组数从统计意义上看是"相同的"，用线性回归线得到的直线为 $y = 3.00 + 0.500x$，直线截距为 3，斜率为 0.5，也不需要二阶以上的回归。针对上面的四组数据集做散点图进行观察判断，情况却完全不同，如图 2 - 2 所示。由此我们可以发现，统计指标的确还是有其局限性的。

图 2 - 2 所示第一组数中，数据点分布在一条直线的周围；第二组数可以明显看出 x 和 y 是有二次函数的关系；第三组数在明显的线性关系外，有一个野点；第四组数似乎更不合理，且有一个点离大多数点的距离很远。可以看出，在这个例子里，用统计意义上的方差、均值和相关性来描述数据所展现出来的维度是远远不够的。

当然，我们不能说量化统计分析是错的，只是仅靠量化的统计分析方法不完整，因为它是把一堆数据加以综合和"压缩"，聚焦形成几个数（如均值、方差、相关系数等），用这几个数来反映数据的几个方面的特征，这样的做法可能会无意中滤掉一些信息，有时甚至会误导我们，导致得出错误的结果。如上面的例子中，我们得到的线性假设和线性回归模型对后面三组数据就是不适用的。为了弥补这一不足，我们需要借助图形化的方法来对数据有一个直观的"感觉"，不急于对回归模型做出选择，从而帮助我们给出合乎科学或

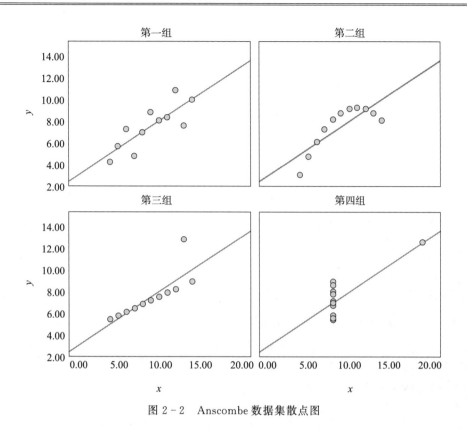

图 2 - 2　Anscombe 数据集散点图

工程规律的模型，至少可以收敛到一个更为合理的模型。上述例子再次强调了在数据分析之前，描绘数据所对应的可视化图形有多么的重要！

2.2　概率模型

2.2.1　几个基本概念

概率是一个事件发生可能性的量化。这里我们简要回顾一下概率与数理统计相关知识点。

描述概率有两个重要的概念，一个是概率密度，另外一个是概率分布函数。我们还知道概率密度的积分是概率分布函数。先建立一个概念，概率密度是在某个区间上的概率。也就是说，假定概率密度记为 $f(x)$，那么

$$f(x) = \frac{概率}{区间长度} \tag{2-1}$$

那么怎么理解这个定义呢？看一个例子。设某零件总数 $N_0 = 50$，在恒定的载荷下运行，在一定的周期内，零件累计失效数为 N_F，正常工作数为 N_R，记录数据见表 2 - 2。$\Delta N_F(t)$ 表示从时刻 $t - \Delta t$ 到时刻 t 的时间间隔 Δt 内产生的失效产品数，如 $\Delta N_F(10)$ 表明从 0 到 10 发生的失效数为 4。注意，在这里 N_F、N_R 均是时间的函数。于是，零件正

常率 $R(t)=\dfrac{N_R(t)}{N_0}$，零件失效率 $F(t)=\dfrac{N_F(t)}{N_0}$，且 $R(t)=1-F(t)$。当 N_0 趋于无穷大时，$R(t)$ 即产品的可靠度，$F(t)$ 是产品故障的概率。

表 2-2　失效和正常零件计数

时间/h	10	25	50	100	150	250	350	400	500	600	700	1 000	1 200	1 500	2 000	3 000
$\Delta N_F(t)$	4	2	3	7	5	3	2	2	0	0	0	0	1	1	0	1
N_F	4	6	9	16	21	24	26	28	28	28	28	28	29	30	30	31
N_R	46	44	41	34	29	26	24	22	22	22	22	22	21	20	20	19

如果我们关心从时刻 $t-\Delta t$ 到时刻 t 的时间间隔 Δt 内产品平均失效率，就是在 Δt 时间区间内产品失效率 $\dfrac{\Delta N_F(t)}{N_0}$ 与区间长度 Δt 的比值，即 $\dfrac{\Delta N_F(t)}{N_0}\cdot\dfrac{1}{\Delta t}$，记之为

$$f(t)=\frac{\Delta N_F(t)}{N_0}\cdot\frac{1}{\Delta t} \tag{2-2}$$

比如，0～10 小时内的平均故障率为

$$f(t)=\frac{\Delta N_F(10)}{N_0\cdot\Delta t}=\frac{4}{50\times(10-0)}=0.008$$

10～25 小时时间内的平均故障率为

$$f(t)=\frac{\Delta N_F(25)}{N_0\cdot\Delta t}=\frac{2}{50\times(25-10)}=0.002\,7$$

由于 $f(t)\Delta t=\dfrac{\Delta N_F(t)}{N_0\cdot\Delta t}\Delta t=\dfrac{\Delta N_F(t)}{N_0}$ 代表了时间间隔 Δt 内的累计失效概率，所以把每一个时间段内的 $f(t)\Delta t$ 累加，即得到整个时间段内的累计失效率，也就是图 2-3 中折线下面的面积，约为 31/50＝0.62。

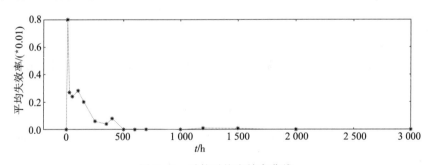

图 2-3　零件平均失效率曲线

所以，式（2-2）实际体现了在时间区间 Δt 内的平均失效率，与式（2-1）所表达的意思一致，我们称其为概率密度。更一般地，在连续函数的情况下，设任意一个随机变量 x，它的变化是在区间 $[-\infty,+\infty]$ 上的，假设概率密度函数（PDF）的曲线如图 2-4 所示。

图 2-4 中，阴影部分的面积为 $f(x)\cdot dx$［注意，按照我们之前的定义，$f(x)$ 是在 dx

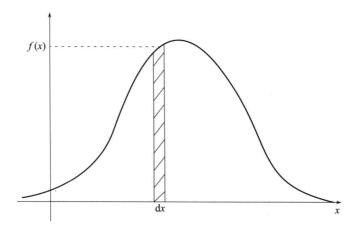

图 2-4　概率密度函数曲线

区间长度内的平均概率]，曲线下整个的面积 $F(x) = \sum_i f(x_i) \Delta t_i$，当 Δt 趋于 0 时，$F(x) = \int_{-\infty}^{+\infty} f(x) \mathrm{d}x$，就代表了整个曲线下的面积，我们称之为概率累计分布函数（CFD），即概率密度函数的积分就是概率分布函数。

　　假如随机变量 x 是连续的，其分布函数的一阶导数存在，则概率密度函数 $f(x)$ 可以由概率分布函数 $F(x)$ 的一阶导数给出

$$f(x) = \frac{\mathrm{d}F(x)}{\mathrm{d}x} \tag{2-3}$$

　　$F(x) = \int_{-\infty}^{+\infty} f(x) \mathrm{d}x$ 代表了在整个区间 $[-\infty, +\infty]$ 的概率，若我们关心区间 $[-\infty, X]$ 的概率（如图 2-5 所示），图中阴影部分的面积，即概率分布函数 $F(X) = \int_{-\infty}^{X} f(x) \mathrm{d}x$，进一步地，在区间 $[a, b]$ 内的概率为

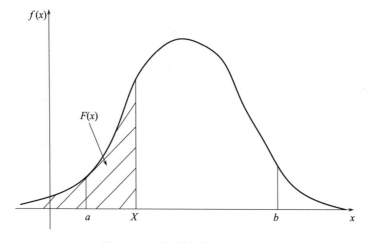

图 2-5　区间概率密度函数曲线

$$F(b) - F(a) = \int_a^b f(x)\,\mathrm{d}x \qquad (2-4)$$

如果以概率分布函数 $F(x)$ 作为纵坐标，概率分布函数如图 2-6 所示。

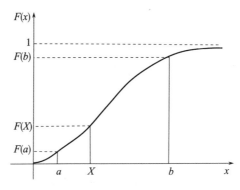

图 2-6　概率分布函数曲线

　　通过上面的铺垫，我们知道了概率密度函数和概率累计分布函数可以用于描述一个随机参数的分布特征。工程上的设计变量很多是随机的，都有概率变化的特征，每一个变量都可能找到一个相应的分布，不同的分布可以用不同的概率密度和概率分布函数来描述，常用的分布函数有正态分布（normal）、对数正态（log normal）、均匀分布（uniform）、三角分布（triangular）、指数分布（exponential）和韦伯（Weibull）分布等。注意，描述给定的概率分布类型时会用到一些参数，这些参数是指在描述那些具体分布的数学公式中的参数，和我们工程上所说的设计变量不是一回事。

　　前面我们看到的概率分布是用函数或曲线来描述的，比如分布函数（或曲线）和密度函数（或曲线），能不能用几个数把一个概率分布的重要特征表达出来，而不用关心太多的函数表达或曲线形式呢？于是，除了概率密度函数和概率分布函数之外，描述随机变量的概率分布还常常会用到"矩"的概念，"矩"是分布的重要特征的数字概括，教科书上把矩也叫做随机变量或概率分布的数字特征。

　　那么什么是"矩"呢？对照物理学中矩的概念，"矩"表示物理量和一个距离的乘积，表征了物理量的空间分布特征。由定义可知，"矩"通常需要一个参考点来定义距离，比如，力和参考点距离的乘积就是力矩。同样，在数学上，"矩"也要找到一个参考点，比如原点，或者曲线、形状的中心，对这些点的"矩"就表达了数据分布或形状的重要特征。后面我们会看到，"矩"可以定义为若干阶，每个随机变量的"矩"可以告诉我们分布或形状的一些信息。随着矩的阶数的升高，高阶的"矩"会提供更多分布的一些细节。通常，前几阶矩给我们提供的信息就足够了，也是我们在实践中常用的。下面介绍不同的"矩"的概念。

　　（1）原点矩

　　原点矩，顾名思义，就是对原点取矩，也叫非中心矩。它在数学上定义为

$$\mu_n = \int_{-\infty}^{\infty} x^n f(x)\,\mathrm{d}x \qquad (2-5)$$

其中，n 代表概率分布 $f(x)$ 的第 n 阶非中心矩，也用 $E(x^n)$ 表示，当 $n=1$ 时，即代表概率分布的均值，也就是一阶非中心矩，又叫 x 的平均值或期望值，用 $E(x)$ 表示。此时

$$E(x) = \mu = \int_{-\infty}^{\infty} x f(x) \mathrm{d}x \qquad (2-6)$$

式（2-6）到底代表什么含义呢？

让我们先看一下图 2-7。图中，不同的阴影部分分别对应 $x_1, x_2, \cdots, x_i, \cdots, x_n$ 不同位置处区间 $\mathrm{d}x$ 内的面积，每个阴影部分的面积近似为 $f(x_i)\mathrm{d}x$。参考物理上矩的定义，各个面积 $f(x_i)\mathrm{d}x$ 各自对原点的"面积矩"是该面积与到原点距离的积 $x_i f(x_i)\mathrm{d}x$，所以，式（2-6）代表了对原点的 n 个面积矩的和，$\mu = \int_{-\infty}^{\infty} x f(x)\mathrm{d}x \approx \sum_{i=1}^{n} x_i f(x_i)\mathrm{d}x$。由于 $\int_{-\infty}^{\infty} f(x)\mathrm{d}x = 1$，所以

$$E(x) = \mu \int_{-\infty}^{\infty} f(x)\mathrm{d}x \approx \mu \qquad (2-7)$$

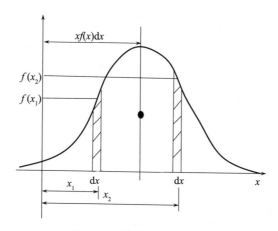

图 2-7　原点矩的几何理解

从图 2-8 可以看到，式（2-7）相当于帮助我们找到一个坐标点 μ，这个点与整个曲线下的面积（面积为 1）的乘积（即对原点的矩）等于每个 x_i 对应小面积对于原点的矩的总和，因此，μ 给出的是概率密度曲线下面积中心的坐标点的值，表示了分布的位置特征。几何上，它代表了概率密度曲线下面积中心线到坐标原点的位置，其绝对值即是到原点的距离。从物理质心的概念上，这个概念也很容易理解（如图 2-9 所示一个非匀质梁），相当于找到了一个质心的位置。

（2）中心矩

上面给出的是对原点的矩，帮助我们找到了均值，下面讨论的是针对所找到的均值 μ 点的矩，称为中心矩。中心矩定义为

$$\mu_n = \int_{-\infty}^{\infty} (x - \mu)^n f(x)\mathrm{d}x \qquad (2-8)$$

和前面我们提到的原点矩的最大差别是，式（2-8）中的每个 x 都要与其均值 μ 做

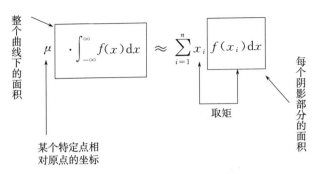

图 2-8 对式 (2-7) 的理解

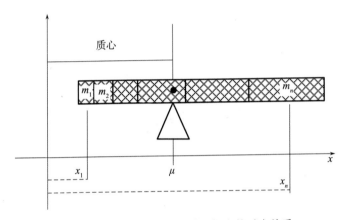

图 2-9 原点矩和物理上质心概念的对应关系

差，于是从式 (2-8) 可以看出：

1) 任何分布的一阶中心矩定义为 0；

2) 二阶中心矩为方差 (variance)，用 v 表示；

3) 三阶中心矩为偏度 (skew)，用 s 表示；

4) 四阶中心矩为峰度 (Kurtosis)，用 k 表示。

(3) 方差

方差是另外一个常用的重要概念，几何上它代表 x 的概率密度函数对于其均值 μ 的惯性矩，类似于质量对其质心的惯性矩。它表征概率分布的离散性，数值上是该随机变量的平方，所以总是正值。当方差为 0 时，表示这个变量就是确定性的量，没有散差。

另外，随机变量的变化的度量也常常由标准差 σ 给出，标准差是方差的平方根，即

$$\sigma = \sqrt{v} \qquad\qquad (2-9)$$

方差比是方差和均值平方之比，即

$$\upsilon = \frac{v}{\mu^2} = \frac{\sigma^2}{\mu^2}$$

方差比通常用来作为一个分布相对散布的度量。

（4）偏度

偏度也是一个重要的"矩"。由于它与随机变量是三次方的关系，所以可能为正，也可能为负。正偏度意味着分布的曲线在右边的拖尾比较长（如图 2-10 左图所示），负偏度意味着分布的曲线在左边的拖尾比较长（如图 2-10 右图所示）。我们有时用偏度来检验给定分布左右的对称度（如果运气好的话，我们可以判断是否可以用正态分布来近似这个分布）。

偏度系数是偏度和标准差立方的比值，即 $\frac{s}{\sigma^3}$，显然，正态分布的偏度系数是 0，指数分布的偏度系数是 2。

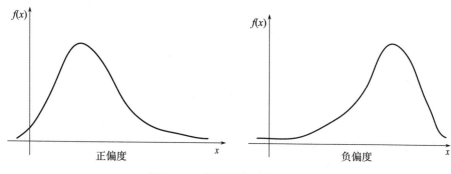

图 2-10　概率密度函数的偏度

（5）峰度

峰度定义了概率密度函数峰值的高低程度。它在区分不同类型的对称分布时有一定的作用（如区分正态分布和均匀分布）。

峰度系数是峰度与标准差四次方的比值，即 $\frac{k}{\sigma^4}=\frac{k}{v^2}$。这个系数用于度量分布的最大峰值程度。均匀分布的峰度系数是 1.8，三角分布是 2.4，正态分布是 3，指数分布是 9。

（6）可靠度和不可靠度

系统的可靠度是系统按照要求正常工作或系统满足设计要求的概率。对于生产线上的产品可靠度可以理解为产品在合格范围内的比例；对于设计来说，可靠度是满足指标的工况与总工况之比。系统的不可靠度是系统不能按照要求正常工作或系统不满足设计要求的概率。如果可靠度定义为 R，不可靠度定义为 F，显然

$$F+R=1 \tag{2-10}$$

在工程上，很多的设计参数要求在一定的界限或容差范围内。例如，设计指标要求参数 x 必须在 $[\underline{x},\overline{x}]$ 范围内（$\underline{x}$ 是下限，$\overline{x}$ 是上限），当 x 是某一个概率分布时，其实际值有可能在这个范围之内，也有可能在这个范围之外，用概率的形式可以表达为

$$R=P(\underline{x}\leqslant x\leqslant\overline{x}) \tag{2-11}$$

式（2-11）表示概率密度函数曲线下在区间 $[\underline{x},\overline{x}]$ 内的面积，如图 2-11 所示；反过来，不可靠度 F 就是该曲线在区间 $[\underline{x},\overline{x}]$ 之外的面积，为 $F=1-R$。

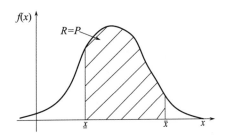

图 2 - 11　参数 x 在区间 $[\underline{x}, \overline{x}]$ 内的概率 P 和可靠度 R

2.2.2　随机变量的典型概率分布

下面简要介绍一下工程中常用的概率分布。

（1）正态分布（高斯分布）

正态分布是概率论中最重要的一种分布，例如产品的加工尺寸、测量误差、随机噪声等大量随机现象可用正态分布描述，结构设计中的杨氏模量、泊松比和材料的许多特性也可用正态分布。正态分布具有许多良好的性质，许多分布可用正态分布近似，一些分布可用正态分布导出，因此无论在理论研究还是在实际应用中，正态分布都十分重要。后面章节中我们会看到一些具体的例子。

若 x 服从正态分布，其概率密度函数 $f(x)$ 如图 2 - 12 所示，可以描述为

$$f(x) = \frac{1}{\sqrt{2\pi}\,\sigma} e^{-\frac{(x-\mu)^2}{2\sigma^2}} \tag{2-12}$$

当 $\mu = 0$，$\sigma = 1$ 时，变为标准的正态分布形式

$$f(x) = \frac{1}{\sqrt{2\pi}} e^{-\frac{x^2}{2}} \tag{2-13}$$

若 x 服从 $N(\mu, \sigma^2)$ 的正态分布，通过如下变换，得到的随机变量 U 为

$$U = \frac{x - \mu}{\sigma} \tag{2-14}$$

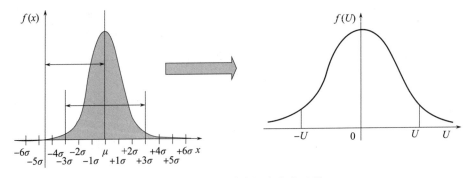

图 2 - 12　正态分布概率密度函数

U 是符合 $N(0,1)$ 的标准正态分布。

我们通常用 $\Phi(\cdot)$ 来表示标准正态分布的概率分布函数

$$\Phi(U) = \int_{-\infty}^{U} \frac{1}{\sqrt{2\pi}} e^{-\frac{U^2}{2}} dU \tag{2-15}$$

假如我们给定 $\Phi(U) = p$，代表了 U 的累计分布的概率值，则

$$U = \Phi^{-1}(p) \tag{2-16}$$

由于 U 符合 $N(0,1)$ 的标准正态分布，由正态分布函数的性质，我们可以知道

$$\Phi(-U) = 1 - \Phi(U) \tag{2-17}$$

式（2-17）的意义可以很容易通过图 2-12 右图理解，而且

$$U = \Phi^{-1}(p) = -\Phi^{-1}(1-p) \tag{2-18}$$

若随机变量 x 不符合正态分布，我们可以通过一个非线性的变换，把一个独立的随机变量 x 从其自身物理域的实际概率分布，转化成一个数学域的标准正态分布。对独立的非正态分布的变量 x，可以通过

$$U = \Phi^{-1}[F(x)] \tag{2-19}$$

实现随机变量 x 到标准正态分布函数的变换。若涉及非独立相关变量的变换，就比较复杂了，需要用到 Nataf 或 Roseblatt 变换，或者其他一些变换，这里不再讨论。

正态分布有两个重要的且非常有用的性质：

1）正态分布变量的线性函数仍是正态分布，比如

$$Y = a_0 + a_1 x_1 + a_2 x_2 + \cdots + a_n x_n \tag{2-20}$$

这里，a_i 是常数，x_i 是独立的正态变量，则 Y 的均值和方差为

$$\mu_Y = a_0 + \sum_{i=1}^{n} a_i \mu_i \tag{2-21}$$

$$\sigma_Y = \sqrt{\sum_{i=1}^{n} (a_i \sigma_i)^2} \tag{2-22}$$

2）正态分布变量的非线性函数不一定是正态分布。比如，两个独立的符合标准正态分布函数的变量 x_1 和 x_2 构成的函数 Y 为

$$Y = \sqrt{x_1^2 + x_2^2} \tag{2-23}$$

其概率密度函数不是正态分布，而是瑞利分布

$$f_Y(y) = \frac{y}{\sigma^2} e^{-\frac{y^2}{2\sigma^2}}, y \geqslant 0 \tag{2-24}$$

其概率分布函数为

$$F_Y(y) = 1 - e^{-\frac{y^2}{2\sigma^2}}, y \geqslant 0 \tag{2-25}$$

（2）对数正态分布

对数正态分布在描述疲劳失效、失效率时常常遇到。可以看如下一个情形：随机变量 x 是几个随机变量的乘积 $x = x_1 \cdot x_2 \cdots x_n$，对该式两边取自然对数，得到

$$\ln x = \ln x_1 + \ln x_2 + \cdots + \ln x_n \tag{2-26}$$

假如 $Y = \ln x$ 符合正态分布，则 x 服从对数正态分布。于是，因为 Y 是正态分布，所以 Y 的概率密度函数为

$$f_Y(y) = \frac{1}{\sqrt{2\pi}\sigma_y} e^{-\frac{(y-\mu_y)^2}{2\sigma_y^2}} , -\infty < y < \infty \tag{2-27}$$

由于 $Y = \ln x$，上面式子可以表达为 x 的形式

$$f_X(x) = \frac{1}{\sqrt{2\pi}x\sigma_y} e^{-\frac{(\ln x - \mu_y)^2}{2\sigma_y^2}} , 0 < x < \infty \tag{2-28}$$

其中

$$\mu_y = \ln\mu_x - \frac{1}{2}\sigma_y^2 , \sigma_y^2 = \ln\left[\left(\frac{\sigma_X}{\mu_X}\right)^2 + 1\right]$$

对数正态分布概率密度函数如图 2-13 所示。显然，对数正态分布的概率密度函数是正偏度的。

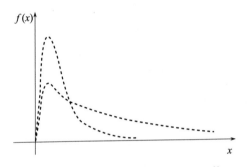

图 2-13　对数正态分布概率密度函数

对数正态分布累积分布函数是

$$F_X(x) = \frac{1}{\sqrt{2\pi}\sigma_y} \int_0^\pi \frac{1}{x} e^{-\frac{(\ln x - \mu_y)^2}{2\sigma_y^2}} \,\mathrm{d}x \tag{2-29}$$

（3）韦伯分布

韦伯分布是三类极值分布的一种，可用于描述失效、脆性材料断裂，地球上某地风速也可以用这个分布描述。

韦伯分布概率密度函数如图 2-14 所示，具体为

$$f_X(x) = \frac{\alpha x^{\alpha-1}}{\beta^\alpha} e^{\left[-\left(\frac{x}{\beta}\right)^\alpha\right]} , x \geqslant 0 , \alpha > 0 , \beta > 0 \tag{2-30}$$

韦伯分布累积概率分布函数为 CDF

$$F_X(x) = 1 - e^{\left[-\left(\frac{x}{\beta}\right)^\alpha\right]} , x \geqslant 0 , \alpha > 0 , \beta > 0 \tag{2-31}$$

其中，α 是形状系数。

韦伯分布的矩特征中，均值为

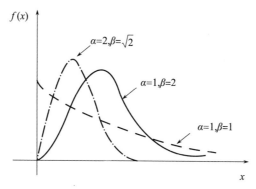

图 2 - 14　韦伯分布概率密度函数

$$\mu = \beta \Gamma \left(\frac{1}{\alpha} + 1 \right) \tag{2-32}$$

方差为

$$\sigma^2 = \sqrt{ \frac{ \Gamma \left(\frac{2}{\alpha} + 1 \right) }{ \Gamma^2 \left(\frac{1}{\alpha} + 1 \right) } - 1 } \tag{2-33}$$

其中，$\Gamma(\alpha) = \int_0^\infty x^{\alpha-1} \mathrm{e}^{-x} \mathrm{d}x$，为伽马函数。当 $\alpha = 1$ 时，韦伯分布变成指数分布，当 $\alpha = 3.25$ 时，韦伯分布近似为正态分布。

（4）指数分布

指数分布是韦伯分布函数中 $\alpha = 1$ 时的特例。

指数分布概率密度函数如图 2 - 15 所示，具体为

$$f_X(x) = \frac{1}{\beta} \mathrm{e}^{-\left(\frac{x}{\beta} \right)} = \lambda \mathrm{e}^{-\lambda x}, 0 \leqslant x \leqslant \infty \tag{2-34}$$

指数分布累计概率分布函数为

$$F_X(x) = 1 - \mathrm{e}^{-\lambda x}, 0 \leqslant x \leqslant \infty \tag{2-35}$$

指数分布均值为

$$\mu = \frac{1}{\lambda} \tag{2-36}$$

方差为

$$\sigma^2 = \frac{1}{\lambda^2} \tag{2-37}$$

2.2.3　随机变量的函数（随机函数）

在工程实践中，系统的性能函数受一系列设计参数的影响，当这些设计参数是随机变量时，性能函数就是这些随机设计变量的函数，所以性能函数本身也是随机的。既然性能函数是随机的，那么它也可以用分布函数、概率密度函数、矩特征（如均值、方差等）来

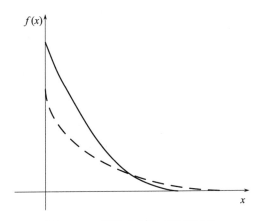

图 2-15　指数分布概率密度函数

描述。那么，如何来确定这些随机函数的概率特征呢？

　　若考虑某性能函数 $y=g(x)$，我们用 $f_x(x)$ 和 $f_y(y)$ 来区分 x、y 的概率密度函数。那么，根据定义，$y=g(x)$ 的均值（或期望值）可以表示为

$$E\{g(x)\}=\int_{-\infty}^{\infty}g(x)f_x(x)\mathrm{d}x \qquad (2-38)$$

比如，若 $y=g(x)=x$，这是一种最简单的情形，此时

$$E\{g(x)\}=E\{x\}=\int_{-\infty}^{\infty}xf_x(x)\mathrm{d}x=\mu_x \qquad (2-39)$$

若 $g(x)=(x-\mu_x)^2$

$$E\{g(x)\}=E\{(x-\mu_x)^2\}=\int_{-\infty}^{\infty}(x-\mu_x)^2f_x(x)\mathrm{d}x=\sigma_x^2 \qquad (2-40)$$

　　式（2-40）也可以利用 E 算子的特性得到，具体为

$$
\begin{aligned}
E\{(x-\mu_x)^2\} &=E(x^2-2x\mu_x+\mu_x^2)\\
&=E(x^2)-E(2x\mu_x)+E(\mu_x^2)\\
&=E(x^2)-2E(x)\mu_x+\mu_x^2\\
&=E(x^2)-2\mu_x\mu_x+\mu_x^2 \qquad (2-41)\\
&=E(x^2)-\mu_x^2\\
&=E(x^2)-(E(x))^2\\
&=\sigma_x^2
\end{aligned}
$$

2.2.3.1　三种情形

　　我们看以下三种情形：y 是 x 的线性函数（Linear functions）；y 是 x 的非线性函数（Non-linear functions）；y 是多个随机变量 x 的函数（More stochastic variables）。

　　（1）线性函数情形

　　比如设 $y=ax+b$，由于是线性的关系，所以，y 和 x 的分布类型相同，其各自的概率

密度函数如图 2-16 所示。

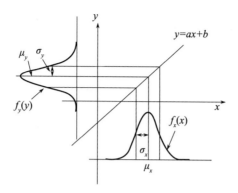

图 2-16　线性函数 $y = ax + b$ 的情形

y 的均值 μ_y 为

$$\mu_y = E(y) = E(ax + b) = E(ax) + E(b) = aE(x) + b = a\mu_x + b \qquad (2-42)$$

y 的方差 σ_y^2 为

$$
\begin{aligned}
\sigma_y^2 &= E\{(y - \mu_y)^2\} = E\{[(ax + b) - (a\mu_x + b)]^2\} \\
&= E\{a^2(x - \mu_x)^2\} \\
&= a^2 E\{(x - \mu_x)^2\} \\
&= a^2 \sigma_x^2
\end{aligned}
\qquad (2-43)
$$

也就是说，$\sigma_y = a\sigma_x$。

（2）非线性函数情形

设 $y = g(x)$，x 是随机变量，看一个具体的例子：$y = \ln x$。这种情况下，由于对数符号 $\ln$ 的作用，x 的密度函数无法线性映射到 y 上，也就是说，即使知道 x 的分布函数，也不能立刻得到 y 的分布信息（除非一些特殊的情况）。一个做法是用泰勒级数展开来近似非线性函数。比如，我们在某个点 x_0 处展开，可以得到

$$g(x) = g(x_0) + \frac{\mathrm{d}g(x)}{\mathrm{d}x}\bigg|_{x = x_0}(x - x_0) + \frac{\mathrm{d}g^2(x)}{\mathrm{d}x^2}\bigg|_{x = x_0}\frac{(x - x_0)^2}{2} + \cdots \quad (2-44)$$

若只取一阶，可以得到

$$g(x) \approx g(x_0) + \frac{\mathrm{d}g(x)}{\mathrm{d}x}\bigg|_{x = x_0}(x - x_0) \qquad (2-45)$$

假如 x_0 取为 x 的均值点 μ_x，此时

$$
\begin{aligned}
g(x) &\approx g(\mu_x) + \frac{\mathrm{d}g(x)}{\mathrm{d}x}\bigg|_{x = \mu_x}(x - \mu_x) \\
&= g(\mu_x) + \frac{1}{x}\bigg|_{x = \mu_x}(x - \mu_x) \\
&= \ln\mu_x + \frac{1}{\mu_x}(x - \mu_x)
\end{aligned}
\qquad (2-46)
$$

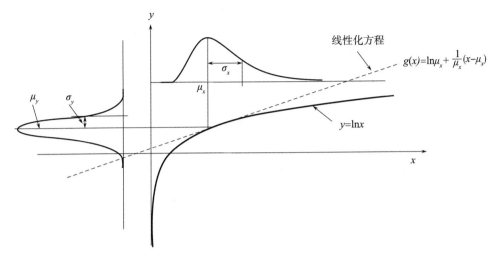

图 2-17 非线性函数的情形

式（2-46）对应图 2-17 中的虚直线。可以看到，在均值点附近的近似是非常好的，但在其他的位置，特别是在分布曲线尾部的近似程度就很差，也就是说，当方差 σ_x 很小时，这样的近似才比较精确。如果特别关心函数 y 边缘的分布，可以把线性化的点 x_0 选在 x 分布的尾部区域。

如果对式（2-46）左右都取均值，可以得到

$$E(g(x)) = E(g(\mu_x)) + E\left(\frac{\mathrm{d}g(x)}{\mathrm{d}x}\bigg|_{x=\mu_x}(x-\mu_x)\right) \tag{2-47}$$

于是

$$\mu_y = \ln\mu_x \tag{2-48}$$

另外一个非线性的例子是动压和密度、速度的关系（如图 2-18 所示），为

$$q = \frac{1}{2}\rho V^2 \tag{2-49}$$

式中，q 是动压；ρ 是大气密度；V 是火箭相对于空气的速度。ρ 和 V 实际上都是随机变量，为讨论方便，我们设 ρ 为定值 1.2 kg/m^3，取 V 为正态随机变量，其均值为 $\mu_V = 28 \text{ m/s}$，其标准差 $\sigma_V = 2.5 \text{ m/s}$，将式（2-49）在 V 的均值 $\mu_V = 28 \text{ m/s}$ 处展开，得到

$$q \approx \frac{1}{2}\rho\mu_V^2 + (V-\mu_V)\rho\mu_V = \rho V\mu_V - \frac{1}{2}\rho\mu_V^2 \tag{2-50}$$

对式（2-50）取均值，得到

$$\mu_q \approx E(q) = \rho E(V)\mu_V - \frac{1}{2}\rho\mu_V^2 = \frac{1}{2}\rho\mu_V^2 = 470 \text{ N/m}^2$$

（3）多变量的函数情形

以下为由两个随机变量 x 和 y 形成的随机函数 z 的情形，设 $z = g(x, y)$。描述两个变量 x 和 y，需要用到二维的概率密度函数，我们定义其为 $f_{xy}(x, y)$，且

$$\int_{-\infty}^{\infty}\int_{-\infty}^{\infty}f_{xy}(x,y)\mathrm{d}x\mathrm{d}y = 1 \tag{2-51}$$

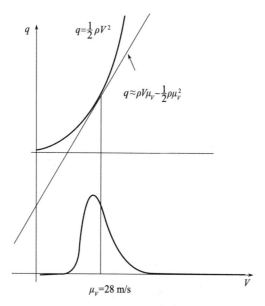

图 2 - 18 动压与速度的非线性函数

当 x 和 y 相互独立时

$$\int_{-\infty}^{\infty}\int_{-\infty}^{\infty}f_{xy}(x,y)\mathrm{d}x\mathrm{d}y=\int_{-\infty}^{\infty}f_x(x)\mathrm{d}x\int_{-\infty}^{\infty}f_y(y)\mathrm{d}y=1 \qquad (2-52)$$

如同单变量的情形，在二维的情况下，我们也可以定义其分布的各阶矩（如均值和方差），则均值为

$$E(z)=E(g(x,y))=\int_{-\infty}^{\infty}\int_{-\infty}^{\infty}g(x,y)f_{xy}(x,y)\mathrm{d}x\mathrm{d}y \qquad (2-53)$$

方差为

$$V(z)=V(g(x,y))=\int_{-\infty}^{\infty}\int_{-\infty}^{\infty}(g(x,y)-E(z))^2f_{xy}(x,y)\mathrm{d}x\mathrm{d}y \qquad (2-54)$$

同样，在线性函数的情况下问题比较简单，比如当 $z=ax+by+c$ 时，在特殊情形下，假如 x 和 y 是正态分布的，那么 z 也是正态分布，这是更为简单的情形。若给定变量 x 和 y 的随机特性 μ_x，σ_x，μ_y，σ_y，以及二者之间的协方差系数 $r_{xy}=\dfrac{\mathrm{cov}(x,\ y)}{\sigma_x\sigma_y}$，其中，$\mathrm{cov}(x,\ y)=E((x-\mu_x)(y-\mu_y))$，这样，函数 z 的均值 μ_z 和标准差 σ_z 可以按照下式推导出来：

均值 μ_z

$$\begin{aligned}\mu_z&=E(z)=E(ax+by+c)=aE(x)+bE(y)+c\\&=a\mu_x+b\mu_y+c\end{aligned} \qquad (2-55)$$

标准差 σ_z

$$\sigma_z^2 = E[(z - \mu_z)^2] = E[(ax + by + c - a\mu_x - b\mu_y - c)^2]$$
$$= E\{[a(x - \mu_x) + b(y - \mu_y)]^2\}$$
$$= a^2 E[(x - \mu_x)^2] + 2ab E[(x - \mu_x)(y - \mu_y)] + b^2 E[(y - \mu_y)^2]$$
$$= a^2 \sigma_x^2 + 2ab \cdot \text{cov}(x, y) + b^2 \sigma_y^2$$
$$= a^2 \sigma_x^2 + 2ab \cdot r_{xy}\sigma_x\sigma_y + b^2 \sigma_y^2$$

$$(2-56)$$

当 $Z = g(x, y)$ 为非线性函数，x 和 y 为非正态分布的随机变量，且变量 x 和 y 之间不相互独立时，这构成了最困难的情况。在给定 x 和 y 的随机特性 μ_x，σ_x，μ_y，σ_y，以及二者之间的协方差系数 r_{xy} 的情况下，求 Z 的均值 μ_z 和标准差 σ_z 需要用到线性化或其他的方法来近似求解。以重物吊挂的问题[3]为例，此时的失效条件可以用极限状态函数描述

$$Z = g(x) = R(x) - S(x) = 0 \qquad (2-57)$$

其中，x 是某随机变量，$R(x)$ 是吊绳结构的承载能力，$S(x)$ 是重物的重力。这里为简单说明情况，我们用了一个单变量，其实，多变量的情形类似。当 $Z < 0$ 时，系统失效的发生是我们不期望的，所以失效的概率 $P(Z < 0)$ 是我们要分析的情形。假设我们的设计条件如图 2 - 19 所示。

变量	分布	均值	标准差
R	正态	60 kN	5 kN
S	正态	40 kN	10 kN

图 2 - 19　极限状态设计示例

$R(x)$ 和 $S(x)$ 的概率分布如图 2 - 20 所示。

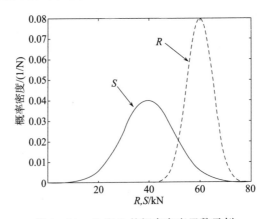

图 2 - 20　R 和 S 的概率密度函数示例

极限状态函数 $g(x)=R(x)-S(x)=0$ 在 R-S 平面内可以表示为一条直线，如图 2-21 所示。图中，$Z>0$ 代表安全域，$Z<0$ 代表失效域。我们用 f_R 和 f_S 分别表示强度 R 和载荷 S 的概率密度函数，若 R 和 S 相互独立，则二者的联合概率密度函数为

$$f_{RS}(R,S)=f_R \cdot f_S \tag{2-58}$$

它可以在 R-S 空间以等概率线的形式表述，如图 2-21 所示。可以看到，失效的概率 P_f 就等于联合密度函数 $f_{RS}(R,S)=f_R \cdot f_S$ 在失效域内的积分，即联合密度函数曲面在失效域内的体积。在数学上

$$P_f=\iint\limits_{Z<0}f_{RS}(R,S)\mathrm{d}R\,\mathrm{d}S=\iint\limits_{Z<0}f_R \cdot f_S\mathrm{d}R\,\mathrm{d}S \tag{2-59}$$

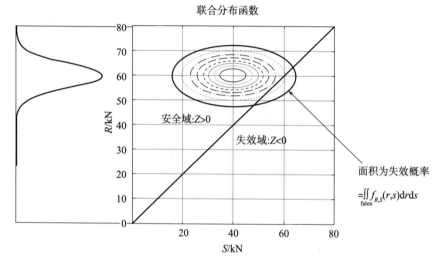

图 2-21　联合分布函数及失效概率

若 R 和 S 分别是若干随机变量的函数，如

$$R=R(x_1,x_2,\cdots,x_m) \tag{2-60}$$

$$S=S(y_1,y_2,\cdots,y_n) \tag{2-61}$$

则相应的极限状态函数就是 $Z=R-S=Z(x_1,x_2,\cdots,x_m,y_1,y_2,\cdots,y_n)$，此时，失效概率在 R 和 S 独立的情况下，就变成

$$P_f=\underset{Z<0}{\iiint\cdots\int}f_R(x_1,x_2,\cdots,x_m)f_S(y_1,y_2,\cdots,y_n)\mathrm{d}x_1\mathrm{d}x_2\cdots\mathrm{d}x_m\mathrm{d}y_1\mathrm{d}y_2\cdots\mathrm{d}y_n$$

$$\tag{2-62}$$

如果能用解析的方法求解式（2-62），那么结果就一目了然了。但不幸的是，对于绝大多数的工程问题，无法求得解析解。这种情况下，可以考虑用数值积分法、蒙特卡洛仿真或近似方法。

2.2.3.2　四种方法比较

为了简单起见，我们对式（2-59）用解析法、数值积分法、蒙特卡洛仿真和近似方法进行简要比较。

（1）解析法

解析法如图 2 - 22 所示。失效概率为联合概率密度函数 f_{RS} 在 $Z<0$ 区域内的积分，即

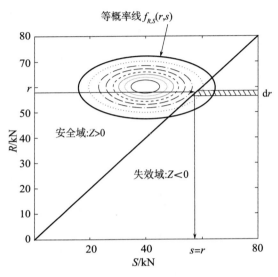

图 2 - 22　解析法示意

$$P(Z<0) = \iint\limits_{Z<0} f_{RS}\,\mathrm{d}r\,\mathrm{d}s \tag{2-63}$$

当 R 和 S 独立时

$$P(Z<0) = \int_{-\infty}^{\infty} f_R\,\mathrm{d}r\int_{r}^{\infty} f_S\,\mathrm{d}s \tag{2-64}$$

失效域是一系列宽度为 $\mathrm{d}r$ 的条形区域，于是可以写成如下卷积的形式

$$P(Z<0) = \int_{-\infty}^{\infty}\left(f_R\int_{S=r}^{\infty} f_S\,\mathrm{d}s\right)\mathrm{d}r = \int_{-\infty}^{\infty} f_R \cdot (1-F_S)\,\mathrm{d}r \tag{2-65}$$

这是一个简单的问题，由于 R 和 S 是正态分布的，且 Z 是 R 和 S 的线性函数，所以 Z 也是正态分布的。这种情况下，Z 的均值和方差分别为

$$\mu_Z = \mu_R - \mu_S = (60-40)\ \mathrm{kN} = 20\ \mathrm{kN}$$

$$\sigma_Z^2 = \sigma_R^2 + \sigma_S^2 = (5^2+10^2)\mathrm{kN}^2 = 125\ \mathrm{kN}^2 \rightarrow \sigma_Z = 11.2\ \mathrm{kN}$$

Z 的概率密度函数如图 2 - 23 所示，失效概率为图中深色的面积，即 $P_f = 0.037$。

（2）数值积分法

数值积分法如图 2 - 24 所示，将图中所示的失效区域划分为若干小的正方形区域，按照

$$P(Z<0) = \iint\limits_{Z<0} f_{RS}\,\mathrm{d}R\,\mathrm{d}S = \sum_i\sum_j f_{RS}(R_i,S_j)\Delta R\Delta S \tag{2-66}$$

可以求得在 $Z<0$ 区域内联合密度函数的面积。

（3）蒙特卡洛仿真法

蒙特卡洛仿真法是按照随机抽样的方法，对总的子样数 N 和满足 $Z<0$ 条件的子样

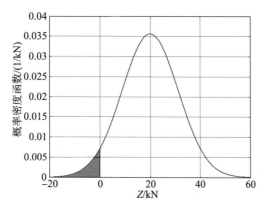

图 2 - 23　Z 的概率密度函数和失效概率

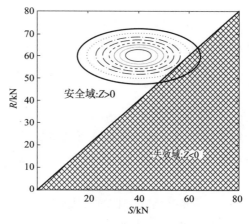

图 2 - 24　数值积分法示意

N_f 进行统计，计算

$$P_f = \frac{N_f}{N} \tag{2-67}$$

图 2 - 25 的左图和右图分别是按照正态分布抽样和重要性抽样的结果示意。

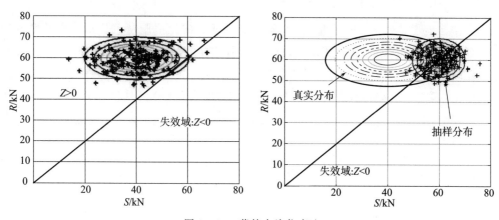

图 2 - 25　蒙特卡洛仿真法

（4）近似方法（展开法）

当极限状态函数 Z 是 R 和 S 的线性函数时，特别是 R 和 S 是正态分布时，则 Z 也是正态分布，此时，可以直接利用 Z 的正态分布概率密度函数

$$f_Z = \frac{1}{\sqrt{2\pi}\sigma_Z} e^{-\frac{(Z-\mu_Z)^2}{2\sigma_Z^2}} \qquad (2-68)$$

得到累计分布函数和失效概率的关系

$$P_f = P(Z < 0) = \phi\left(-\frac{\mu_Z}{\sigma_Z}\right) = \phi(-\beta) \qquad (2-69)$$

当极限状态函数 Z 是 R 和 S 的非线性函数时，可以按照前面提到的将 Z 在某个设计点展开的办法，只不过和前面的区别是要同时选择 R 和 S 的展开点，如同时取二者的均值，从而用近似的办法求得 Z 的概率特征。

2.2.3.3 样本统计分析中几个重要的分布

在后面的样本统计分析中，有几个重要的分布我们常用到，它们是 χ^2 分布、t 分布和 F 分布。它们的概率密度的表达式非常复杂，很难记住，其实也没有必要记住，下面我们做一个简要介绍。

（1）χ^2 分布

说得通俗一点，就是服从标准的正态分布的 n 个变量，它们的平方和构成一个新变量，这个新变量就服从自由度为 n 的 χ^2 分布，再简洁一些，即正态变量的平方和的分布就是 χ^2 分布。

数学上，若 x_1，x_2，$\cdots$，x_n 相互独立，且均服从标准的正态分布 $N(0,1)$，则函数 $\chi^2 = x_1^2 + x_2^2 + \cdots + x_n^2$（也可以写为 $y = x_1^2 + x_2^2 + \cdots + x_n^2$）服从自由度为 n 的 χ^2 分布，记为 $\chi^2 \sim \chi^2(n)$，其分布密度函数为

$$f_{\chi^2}(y) = \frac{1}{2^{\frac{n}{2}}\Gamma\left(\frac{n}{2}\right)} e^{-\frac{y}{2}} y^{\frac{n}{2}-1}, y > 0 \qquad (2-70)$$

这里 y 代表 χ^2 的变量，所以 y 不可能为负。

（2）t 分布

不太严格地说，一个正态变量与 χ^2 分布变量开方的比值服从 t 分布。严格地说应该是，一个正态变量除以 χ^2 分布变量与自由度比值的开方，这个变量服从 t 分布。t 分布最卓越的作用是在总体方差未知的小样本条件下估计均值。

数学上，若 U 服从标准正态分布 $N(0,1)$，Y 服从 $\chi^2(n)$，且 U 和 Y 相互独立，则函数 $T = \dfrac{U}{\sqrt{Y/n}}$ 服从自由度为 n 的 t 分布，记为 $T \sim t(n)$，其分布密度函数为

$$f_T(t) = \frac{\Gamma\left(\frac{n+1}{2}\right)}{\sqrt{n\pi}\,\Gamma\left(\frac{n}{2}\right)}\left(1 + \frac{t^2}{2}\right)^{-\frac{n+1}{2}}, -\infty < t < \infty \qquad (2-71)$$

且

$$\lim_{n \to \infty} f_T(t) = \frac{1}{\sqrt{2\pi}} e^{-\frac{t^2}{2}} \qquad (2-72)$$

也就是说，当 n 趋近于无穷大时，$t(n)$ 分布近似于标准正态分布。一般地，样本大于 30 时，t 分布几乎和正态分布的概率密度函数重合，这也就是统计学里总把 30 作为大样本、小样本分界线的一个原因。

（3）F 分布

数学上，若 W 服从 $\chi^2(n_1)$，V 服从 $\chi^2(n_2)$，且 W 和 V 相互独立，则函数 $F = \dfrac{W/n_1}{V/n_2}$ 服从第一自由度为 n_1、第二自由度为 n_2 的 F 分布，记为 $F \sim F(n_1, n_2)$，其分布密度函数为

$$f_F(y) = \frac{\Gamma\left(\dfrac{n_1 + n_2}{2}\right)}{\Gamma\left(\dfrac{n_1}{2}\right)\Gamma\left(\dfrac{n_2}{2}\right)} \frac{n_1}{n_2} \left(\frac{n_1}{n_2}y\right)^{\frac{n_1}{2}-1} \left(1 + \frac{n_1}{n_2}y\right)^{-\frac{n_1+n_2}{2}}, y > 0 \qquad (2-73)$$

也就是说，两个除以各自自由度的 χ^2 分布变量的比值，符合 F 分布。

2.3　概率模型的统计推断

前文讲过，描述随机变量 x 的概率特性可以用分布函数或概率密度的形式，也可以用一些有代表性的特征参数（如均值、方差、偏度、峰度等矩特性）来表征。根据随机变量 x 的一些样本 x_1，x_2，$\cdots$，x_n，如何得到 x 的概率特性呢？

统计推断有以下两类基本问题：

一类是直接根据样本数据对随机变量 x 的分布函数或特征参数进行估计。其中，对分布函数直接进行估计，一般是通过对 x 的物理意义的理解、先验经验或者直方图等得到启发而确定。另一类问题是，先根据样本数据对随机变量分布函数或特征参数进行假设和推断，然后进行统计检验来判断假设或推断的合理性。

统计推断有以下两种思路：

一种是正向寻找真理的过程，另一种是反向验证真理的过程。后面讲到的参数估计、区间估计是正向的。而假设检验是反向的，虽然假设检验无法估计出真正的参数是什么，但我们不需要知道绝对的真理，只要证明眼前的不是真理就够了。这一点在近代科学上似乎用得更多一些，科学上有真理＋证明的模式，但更多的是猜想＋证伪的模式。

后面的内容在相关文献中都有详尽的介绍，但是为了整个内容的完整性，本书还是把主要的概念和方法做一个简要的总结。

2.3.1　几个基本概念

上一节讨论到随机变量 x 或者多个变量 x，y 组成的函数的概率分布特征，如其概率

密度函数、分布函数、均值和方差等等。这是在已知概率分布的情况下进行的。在火箭设计问题中，许多设计变量的这些概率特性是不知道的，或者说是不完全知道的。这个情况下如何获得其概率密度函数、分布函数、均值和方差呢？

例如，有一批同样状态的螺钉，由于其原材料的散差和加工过程的不可控因素，其拉断强度 x 可能有一个随机的波动，对这批螺栓一一加以测定是破坏性的。于是，我们采用随机抽取 n 个螺栓的方式，通过测定这 n 个螺栓的拉断强度，得到 n 个样本 $\{x_1, x_2, \cdots, x_n\}$，然后再通过这些数据来推断拉断强度 x 的概率分布特征。

再比如，根据经验，某零件的质量特性一般符合正态分布，但具体的概率密度中的参数 μ、σ^2 是未知的，如何确定 μ 和 σ^2 的值呢？思路和上面类似。我们就随机抽取 n 个零件，测定这 n 个零件的质量特性，得到 n 个样本 $\{x_1, x_2, \cdots, x_n\}$，然后再通过这些数据来推断该概率分布的 μ 和 σ^2。

从上面的例子中，我们知道要考察的"全部元素"的集合叫总体。总体中每个元素叫个体；或者说，考察的"全部元素"的某个指标 x 叫总体，总体中每个元素的指标值叫个体。样本在抽取之前是随机的 $\{X_1, X_2, \cdots, X_n\}$，在一次确定的抽取后，就变成了一组确定的数 $\{x_1, x_2, \cdots, x_n\}$。后面论述为了简便起见，不再区分 $\{X_1, X_2, \cdots, X_n\}$ 和 $\{x_1, x_2, \cdots, x_n\}$，一律用 $\{x_1, x_2, \cdots, x_n\}$ 表示。工程上，一般认为设计变量 x 的每个子样与总体具有相同分布（代表性），子样与子样之间相互独立（独立性）。

2.3.2 参数估计

已知总体 x 的分布形式（分布函数或密度函数），但其中的参数 θ 为未知（如，已知某火箭的总长度 x 服从正态分布，但不知道其中的均值和方差），如何由样本 $\{x_1, x_2, \cdots, x_n\}$ 去估计这些未知的参数呢？这类问题属于参数估计的范畴。参数估计是利用试验获得的局部数据去估计整体分布中的某些特征量，包括参数点估计和参数区间估计。这个问题在本节讨论。

估计未知参数取什么值，为参数的点估计；估计未知参数在什么区间内，为参数的区间估计。

2.3.2.1 参数的点估计

（1）最大似然估计法

假设随机变量 x 总体的分布密度函数为 $f(x, \theta_1, \theta_2, \cdots, \theta_m)$，$\theta_j$ 是待估计的参数，$j=1, 2, \cdots, m$。设 x 有 n 个样本 $\{x_1, x_2, \cdots, x_n\}$，由于每一个样本对总体 x 来说都是一次独立的观察值，所以每一个样本对应的概率密度函数为 $f(x_i, \theta_1, \theta_2, \cdots, \theta_m)$，且各自相互独立，因此可以构造一个联合概率密度函数

$$L = f(x_1, \theta_1, \theta_2, \cdots, \theta_m) \cdot f(x_2, \theta_1, \theta_2, \cdots, \theta_m) \cdots f(x_n, \theta_1, \theta_2, \cdots, \theta_m) \quad (2-74)$$

即

$$L = \prod_{i=1}^{n} f(x_i, \theta_1, \theta_2, \cdots, \theta_m) \quad (2-75)$$

式（2-75）中的 L 也称为最大似然函数。对 L 的理解我们有如下解释，即对于已测得的样本 $\{x_1, x_2, \cdots, x_n\}$，最大似然函数 L 是待估计参数 $(\theta_1, \theta_2, \cdots, \theta_m)$ 的函数。若 $(\theta_1, \theta_2, \cdots, \theta_m)$ 的取值使得 L 的值变小，也就是说，在这些参数值下，样本出现的可能性小；若 $(\theta_1, \theta_2, \cdots, \theta_m)$ 的取值使得 L 的值变大，则在这些参数值下，样本出现的可能性大；若 $(\theta_1, \theta_2, \cdots, \theta_m)$ 的取值使得 L 最大化，则在这些参数下，样本 $\{x_1, x_2, \cdots, x_n\}$ 出现的可能性最大；由于样本 $\{x_1, x_2, \cdots, x_n\}$ 已经出现了，所以很自然地，应该把使得 L 取值为最大的那一组参数 $(\hat{\theta}_1, \hat{\theta}_2, \cdots, \hat{\theta}_m)$ 作为未知参数的估计值，并称其为待估计参数 $(\theta_1, \theta_2, \cdots, \theta_m)$ 的最大似然估计。

按照多元函数求极值的方法，可以先对式（2-71）两边求对数，然后再求对 $(\theta_1, \theta_2, \cdots, \theta_m)$ 的偏导数，得到对应的最大值点。下面举例说明。

设 x 服从正态分布，对应单个样本的概率密度函数为 $f(x, \mu, \sigma^2) = \dfrac{1}{\sqrt{2\pi}\sigma} \mathrm{e}^{-\frac{(x-\mu)^2}{2\sigma^2}}$，但其均值 μ 和方差 σ^2 未知，为待估计的参数。当有样本 $\{x_1, x_2, \cdots, x_n\}$ 时，可以构造对应的最大似然函数为

$$L = \prod_{i=1}^{n} f(x_i, \mu, \sigma^2) = \frac{1}{(2\pi\sigma^2)^{\frac{n}{2}}} \mathrm{e}^{-\frac{1}{2\sigma^2}\sum_{i=1}^{n}(x_i-\mu)^2} \tag{2-76}$$

对式（2-76）取对数，得到

$$\ln L = -\frac{n}{2}\ln(2\pi) - \frac{n}{2}\ln(\sigma^2) - \frac{1}{2\sigma^2}\sum_{i=1}^{n}(x_i-\mu)^2 \tag{2-77}$$

分别对式（2-77）均值 μ 和方差 σ^2 求偏导数，并令

$$\begin{cases} \dfrac{\partial \ln L}{\partial \mu} = \dfrac{1}{\sigma^2}\sum_{i=1}^{n}(x_i-\mu)^2 = 0 \\[2mm] \dfrac{\partial \ln L}{\partial \sigma^2} = -\dfrac{n}{2\sigma^2} + \dfrac{1}{2\sigma^4}\sum_{i=1}^{n}(x_i-\mu)^2 = 0 \end{cases} \tag{2-78}$$

解上面的方程组，则得到均值 μ 和方差 σ^2 的最大似然估计值分别为

$$\hat{\mu} = \frac{1}{n}\sum_{i=1}^{n}x_i$$

$$\hat{\sigma}^2 = \frac{1}{n}\sum_{i=1}^{n}(x_i-\hat{\mu})^2$$

（2）矩估计法

矩估计法的基本思想是，假设随机变量 x 有 n 个样本 $\{x_1, x_2, \cdots, x_n\}$，直接用这些样本的数字特征去估计总体的数字特征，进而求得总体 x 的概率分布中的未知参数的估计值。

若 x 的分布中待估计的参数是均值 μ，则用样本的均值去估计

$$\hat{\mu} = \frac{1}{n}\sum_{i=1}^{n}x_i \tag{2-79}$$

若 x 的分布中待估计的参数是方差 σ^2，则用样本的方差去估计

$$\hat{\sigma}^2 = \frac{1}{n} \sum_{i=1}^{n} (x_i - \hat{\mu})^2 \tag{2-80}$$

若 x 的概率密度函数为 $f(x_i, \theta_1, \theta_2, \cdots, \theta_m)$，其表达式已知，$\theta_j$ 是待估计的参数，$j = 1, 2, \cdots, m$，先按照密度函数去求出 x 的各阶矩。由于密度函数中有未知参数，所以这些矩的表达式中也有未知参数，记为

$$\begin{cases} E(x) = g_1(\theta_1, \theta_2, \cdots, \theta_m) \\ \cdots \\ E(x^m) = g_m(\theta_1, \theta_2, \cdots, \theta_m) \end{cases} \tag{2-81}$$

用样本的各阶矩去估计总体的各阶矩，得到

$$\begin{cases} \hat{E}(x) = \dfrac{1}{n} \sum_{i=1}^{n} x_i \\ \cdots \\ \hat{E}(x^m) = \dfrac{1}{n} \sum_{i=1}^{n} x_i^m \end{cases} \tag{2-82}$$

比较式（2-81）和式（2-82），令上面两个式子左边相等，可以得到

$$\begin{cases} g_1(\theta_1, \theta_2, \cdots, \theta_m) = \dfrac{1}{n} \sum_{i=1}^{n} x_i \\ \cdots \\ g_m(\theta_1, \theta_2, \cdots, \theta_m) = \dfrac{1}{n} \sum_{i=1}^{n} x_i^m \end{cases} \tag{2-83}$$

由上面的方程求解得到 $(\hat{\theta}_1, \hat{\theta}_2, \cdots, \hat{\theta}_m)$，即是 $(\theta_1, \theta_2, \cdots, \theta_m)$ 的矩估计值。

未知参数 $(\theta_1, \theta_2, \cdots, \theta_m)$ 的点估计值是样本 $\{x_1, x_2, \cdots, x_n\}$ 的函数，对于不同的样本值，$(\theta_1, \theta_2, \cdots, \theta_m)$ 的估计值 $(\hat{\theta}_1, \hat{\theta}_2, \cdots, \hat{\theta}_m)$ 也不相同。这些估计值 $(\hat{\theta}_1, \hat{\theta}_2, \cdots, \hat{\theta}_m)$ 可能会比较接近真实的参数值 $(\theta_1, \theta_2, \cdots, \theta_m)$，也有可能偏离很大。那么如何去评定这个估计值的好坏呢？这就需要引入一些评定准则，比如无偏性，具体可以参考文献［4］。

2.3.2.2 参数的区间估计

参数的区间估计，是用样本 $\{x_1, x_2, \cdots, x_n\}$ 去估计未知参数 $(\theta_1, \theta_2, \cdots, \theta_m)$ 分别是在什么区间内。为了表述简单，我们先考虑一个未知参数 θ 的情况。

选取两个样本函数 $I_1(x_1, x_2, \cdots, x_n)$ 和 $I_2(x_1, x_2, \cdots, x_n)$，二者可以形成一个随机的区间 (I_1, I_2)。对某些样本 $\{x_1, x_2, \cdots, x_n\}$ 来说，θ 包含在区间 (I_1, I_2) 内，对另外一些样本 $\{x_1, x_2, \cdots, x_n\}$ 来说，θ 不包含在区间 (I_1, I_2) 内，所以对一般的样本 $\{x_1, x_2, \cdots, x_n\}$ 来说，(I_1, I_2) 是否包含 θ 就是一个随机事件。如果 (I_1, I_2) 包含 θ 的概率很大，则估计 θ 包含在区间 (I_1, I_2) 内就具有很大的可靠性。所以有如下的定义：

给定一个概率值 α，用 $\in$ 表示属于，用 $\notin$ 表示不属于，若能求出两个样本函数 $I_1(x_1, x_2, \cdots, x_n)$ 和 $I_2(x_1, x_2, \cdots, x_n)$，且 $I_1(x_1, x_2, \cdots, x_n) < I_2(x_1, x_2, \cdots, x_n)$，使得

$$P[\theta \notin (I_1, I_2)] = P(\theta \leqslant I_1) + P(\theta \geqslant I_2) = \alpha \qquad (2-84)$$

即

$$P[\theta \in (I_1, I_2)] = P(I_1 < \theta < I_2) = 1 - \alpha \qquad (2-85)$$

则随机区间 (I_1, I_2) 是参数 θ 的一个置信区间，其置信度为 $1 - \alpha$。

由于满足上述定义时有不同的方式，比如：

1）当 $P(\theta \leqslant I_1) = \dfrac{\alpha}{2}$，$P(\theta \geqslant I_2) = \dfrac{\alpha}{2}$ 时，可以满足 $P[\theta \notin (I_1, I_2)] = P(\theta \leqslant I_1) + P(\theta \geqslant I_2) = \alpha$；

2）当 $P(\theta \leqslant I_1) = \dfrac{\alpha}{3}$，$P(\theta \geqslant I_2) = \dfrac{2\alpha}{3}$ 时，也可以满足 $P[\theta \notin (I_1, I_2)] = P(\theta \leqslant I_1) + P(\theta \geqslant I_2) = \alpha$。

习惯上一般按照 1）的方法来求，相对较为简便。

（1）一个正态总体均值的置信区间

设总体 x 服从正态分布 $N(\mu, \sigma^2)$，其样本为 $\{x_1, x_2, \cdots, x_n\}$，求 μ 的置信度为 $1 - \alpha$ 的置信区间。这里有两种情况，一种是 σ^2 已知的情况，另一种是 σ^2 未知的情况。

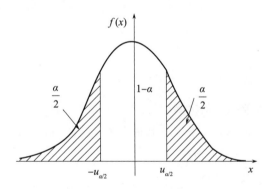

图 2 - 26　σ^2 已知时均值的置信区间

当 σ^2 已知时，$U = \dfrac{\overline{x} - \mu}{\sigma / \sqrt{n}} \sim N(0, 1^2)$，由图 2 - 26 可知

$$P\left[-u_{\frac{\alpha}{2}} < \frac{\overline{x} - \mu}{\sigma / \sqrt{n}} < u_{\frac{\alpha}{2}}\right] = 1 - \alpha \qquad (2-86)$$

所以

$$P\left[\overline{x} - u_{\frac{\alpha}{2}} \frac{\sigma}{\sqrt{n}} < \mu < \overline{x} + u_{\frac{\alpha}{2}} \frac{\sigma}{\sqrt{n}}\right] = 1 - \alpha \qquad (2-87)$$

所以，μ 的置信度为 $1 - \alpha$ 的置信区间为

$$\left(\overline{x} - u_{\frac{\alpha}{2}} \frac{\sigma}{\sqrt{n}}, \overline{x} + u_{\frac{\alpha}{2}} \frac{\sigma}{\sqrt{n}}\right) \tag{2-88}$$

当 σ^2 未知时，记 S^2 为样本的方差，由于 $T = \dfrac{\overline{x} - \mu}{S/\sqrt{n}} \sim t(n-1)$，由图 2-27 可知

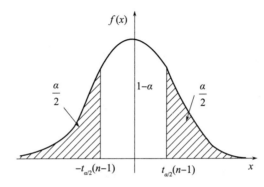

图 2-27　σ^2 未知时均值的置信区间

$$P\left[-t_{\frac{\alpha}{2}}(n-1) < \frac{\overline{x} - \mu}{S/\sqrt{n}} < t_{\frac{\alpha}{2}}(n-1)\right] = 1 - \alpha \tag{2-89}$$

所以

$$P\left[\overline{x} - t_{\frac{\alpha}{2}}(n-1)\frac{S}{\sqrt{n}} < \mu < \overline{x} + t_{\frac{\alpha}{2}}(n-1)\frac{S}{\sqrt{n}}\right] = 1 - \alpha \tag{2-90}$$

所以，μ 的置信度为 $1-\alpha$ 的置信区间为

$$\left(\overline{x} - t_{\frac{\alpha}{2}}(n-1)\frac{S}{\sqrt{n}}, \overline{x} + t_{\frac{\alpha}{2}}(n-1)\frac{S}{\sqrt{n}}\right) \tag{2-91}$$

（2）一个正态总体方差的置信区间

设总体 x 服从正态分布 $N(\mu, \sigma^2)$，其样本为 $\{x_1, x_2, \cdots, x_n\}$，求 σ^2 的置信度为 $1-\alpha$ 的置信区间。这里也有两种情况。

当 μ 为未知时，$\chi^2 = \dfrac{(n-1)S^2}{\sigma^2} \sim \chi^2(n-1)$，由图 2-28 可知

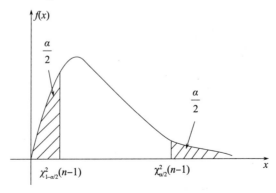

图 2-28　μ 未知时方差的置信区间

$$P\left[\chi_{1-\frac{\alpha}{2}}^2(n-1) < \frac{(n-1)S^2}{\sigma^2} < \chi_{\frac{\alpha}{2}}^2(n-1)\right] = 1-\alpha \qquad (2-92)$$

求解式（2-92）可以得到，σ^2 的置信度为 $1-\alpha$ 的置信区间

$$\left[\frac{(n-1)S^2}{\chi_{\frac{\alpha}{2}}^2(n-1)}, \frac{(n-1)S^2}{\chi_{1-\frac{\alpha}{2}}^2(n-1)}\right] \qquad (2-93)$$

σ 的置信度为 $1-\alpha$ 的置信区间

$$\left[\sqrt{\frac{(n-1)S^2}{\chi_{\frac{\alpha}{2}}^2(n-1)}}, \sqrt{\frac{(n-1)S^2}{\chi_{1-\frac{\alpha}{2}}^2(n-1)}}\right] \qquad (2-94)$$

当 μ 为已知时，采用

$$\chi^2 = \frac{\sum_{i=1}^{n}(x_i-\mu)^2}{\sigma^2} \sim \chi^2(n) \qquad (2-95)$$

求解 σ^2，可以得到 σ^2 的置信度为 $1-\alpha$ 的置信区间

$$\left[\frac{\sum_{i=1}^{n}(x_i-\mu)^2}{\chi_{\frac{\alpha}{2}}^2(n)}, \frac{\sum_{i=1}^{n}(x_i-\mu)^2}{\chi_{1-\frac{\alpha}{2}}^2(n)}\right] \qquad (2-96)$$

进一步的讨论这里就不赘述了，可以参考相关文献。

2.3.3 假设检验

证明有时是很困难的，但证伪相对容易。由于我们的样本有限，可以假设一个命题，当把这个假设证伪了，自然而然会选择接受这个假设的对立面。这就是假设检验的思想基础。

2.3.3.1 实际操作中的两类问题和两类错误

（1）两类问题

具体到实际操作，我们有两类问题。

一类是已知总体 x 的分布形式（分布函数或密度函数），但其中的参数 θ 为未知，根据先验信息或经验，提出假设 H_0：参数 $\mu = $ 常数 μ_0，再用样本 $\{x_1, x_2, \cdots, x_n\}$ 来检验 H_0 是否成立。这类检验称为参数的假设检验。

另一类问题是，不知道总体 x 的分布形式（即分布函数或密度函数未知），根据先验信息或经验，提出假设 H_0：x 的分布函数是 $F(x)$，再用样本 $\{x_1, x_2, \cdots, x_n\}$ 来检验 H_0 是否成立。这类检验称为非参数或分布的假设检验。

假设检验的基本思想实质上是带有概率性质的反证法！为了检验原假设 H_0 是否正确，首先假定该假设 H_0 是正确的，在此条件下，根据抽取得到的样本观察值，如果"不合理"的现象发生了，说明假设是错误的，就应拒绝假设 H_0，接受备择假设 H_1，否则接受假设 H_0。这样，就可以对假设 H_0 做出接受或拒绝的判断。

假设检验中所谓的"不合理"，是基于实践中广泛采用的小概率原理，即小概率事件

在一次试验中是不易发生的。若在一次试验中一个小概率事件发生了，则有理由怀疑原假设 H_0 的正确性。显著性水平 $0 < \alpha < 1$（significance level）用于界定判断结果是否有统计学意义。当然，这个定义是主观的，人为规定的。对于不同的问题，α 不一定相同。但一般取一个较小的值，如 0.5，0.1，0.05 等，相当于划分了不同的显著性等级。

（2）两类错误

用样本来推断总体，本质上是用部分推断整体，本身就决定了不能保证绝对不犯错误。在假设检验中，可能犯的错误不外乎是下面两类（见图 2-29）：

1）原假设 H_0 本来为正确，但我们却拒绝了 H_0，这就犯了错误。这类错误为弃真错误，也称为第一类错误。其发生概率称为弃真概率或犯第一类错误的概率，通常记为 α，即

$$P(\text{拒绝 } H_0 \mid H_0 \text{ 为真}) = \alpha$$

2）原假设 H_0 本来不正确，但我们却接受了 H_0，这类错误称为取伪错误，也称为第二类错误，其发生的概率称为取伪概率或犯第二类错误的概率，通常记为 β，即

$$P(\text{接受 } H_0 \mid H_1 \text{ 为真}) = \beta$$

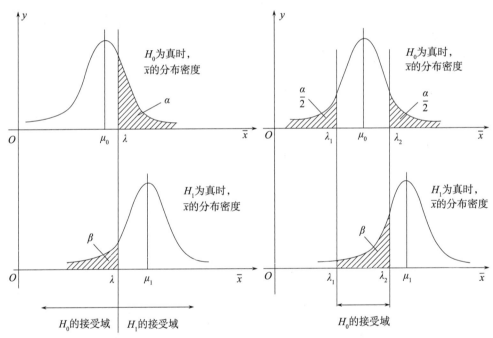

图 2-29　第一类错误和第二类错误

当然，α、β 越小越好。但进一步的讨论表明，当样本容量 n 固定时，不可能同时把 α、β 都减得很小。如果减小其中一个，另一个就会增大。要使 α、β 都很小，只有通过无限增大样本容量 n 才能实现，但实际上这是办不到的。

解决问题的一种原则是限定犯第一类错误的最大概率 α，寻找犯第二类错误的概率 β 尽可能小的方法，但具体实行这一原则还面临许多理论和实际上的困难。因而，有时把这一原则简化成只对犯第一类错误的最大概率 α 加以限制，而不考虑犯第二类错误的概率

β。α、β 值就是假设检验优劣的评价准则。

2.3.3.2　参数的假设检验

1）根据问题，提出假设（双侧假设或单侧假设）：构造特征统计量 T 服从某抽样分布，要求特征统计量 T 包含待检验参数；

2）将抽取的样本值代入统计量，若统计量 T 值在拒绝域内，则拒绝原假设 H_0，接收备择假设 H_1，否则，接受原假设。

以正态总体为例，一个正态总体的均值假设检验有以下三种类型的假设检验，其检验方法见表 2 - 3。

表 2 - 3　正态总体的均值假设检验

类型	假设 H_0	在显著性水平 α 下，H_0 的拒绝域	
		σ^2 为已知	σ^2 为未知
I	$\mu = \mu_0$	$\left\| \dfrac{\overline{x} - \mu_0}{\sigma/\sqrt{n}} \right\| > u_{\frac{\alpha}{2}}$	$\left\| \dfrac{\overline{x} - \mu_0}{S/\sqrt{n}} \right\| > t_{\frac{\alpha}{2}}(n-1)$
II	$\mu \leqslant \mu_0$	$\dfrac{\overline{x} - \mu_0}{\sigma/\sqrt{n}} > u_{\alpha}$	$\dfrac{\overline{x} - \mu_0}{S/\sqrt{n}} > t_{\alpha}(n-1)$
III	$\mu \geqslant \mu_0$	$\dfrac{\overline{x} - \mu_0}{\sigma/\sqrt{n}} < -u_{\alpha}$	$\dfrac{\overline{x} - \mu_0}{S/\sqrt{n}} < -t_{\alpha}(n-1)$

一个正态总体的方差假设检验有以下三种类型，其检验方法见表 2 - 4。

表 2 - 4　正态总体的方差假设检验

类型	假设 H_0	在显著性水平 α 下，H_0 的拒绝域	
		μ 为未知	μ 为已知
I	$\sigma^2 = \sigma_0^2$	$\dfrac{(n-1)S^2}{\sigma_0^2} > \chi_{\frac{\alpha}{2}}^2(n-1)$ 或 $\dfrac{(n-1)S^2}{\sigma_0^2} < \chi_{1-\frac{\alpha}{2}}^2(n-1)$	$\dfrac{\sum\limits_{i=1}^{n}(x_i - \mu)^2}{\sigma_0^2} > \chi_{\frac{\alpha}{2}}^2(n)$ 或 $\dfrac{\sum\limits_{i=1}^{n}(x_i - \mu)^2}{\sigma_0^2} > \chi_{1-\frac{\alpha}{2}}^2(n)$
II	$\sigma^2 \leqslant \sigma_0^2$	$\dfrac{(n-1)S^2}{\sigma_0^2} > \chi_{\alpha}^2(n-1)$	$\dfrac{\sum\limits_{i=1}^{n}(x_i - \mu)^2}{\sigma_0^2} > \chi_{\alpha}^2(n)$
III	$\sigma^2 \geqslant \sigma_0^2$	$\dfrac{(n-1)S^2}{\sigma_0^2} > \chi_{1-\alpha}^2(n-1)$	$\dfrac{\sum\limits_{i=1}^{n}(x_i - \mu)^2}{\sigma_0^2} > \chi_{1-\alpha}^2(n)$

2.3.3.3　分布的假设检验

参数假设检验的前提是总体分布已知，对分布中的参数进行检验，而实际上总体 x 的分布是未知的。这时，我们抽取一组样本 $\{x_1，x_2，\cdots，x_n\}$，对总体 x 的分布提出假设 $H_0：x$ 的方差服从某种分布，在显著性水平 α 下，检验是否拒绝 H_0。

具体的思路是：

第一步：

1）将 x 的取值范围分为 k 个小区间，$a_1，a_2，\cdots，a_k，a_{k+1}$。

2）计算出样本值 $\{x_1，x_2，\cdots，x_n\}$ 落在第 i 个区间 $[a_i，a_{i+1}]$ 中的个数 f_i。

3）由样本值 $\{x_1，x_2，\cdots，x_n\}$ 用最大似然估计法估计出 H_0 中假设的分布类型中的未知参数。

4）由 H_0 的假设分布，从理论上计算出 X 落在第 i 个区间上的概率 $P[a_i < x < a_{i+1}] = p_i$，并从理论上计算出 n 个样本 $\{x_1，x_2，\cdots，x_n\}$ 中应有多少个落在第 i 个区间上的理论个数 np_i。

第二步：

1）作统计量 $\chi^2 = \sum\limits_{i=1}^{k} \dfrac{(f_i - np_i)^2}{np_i}$。

2）粗略看，只要 H_0 为真，统计量 $\chi^2 = \sum\limits_{i=1}^{k} \dfrac{(f_i - np_i)^2}{np_i}$ 的值显著偏大是很不容易发生的，故可用 χ^2 来讨论 H_0 的拒绝域。

这里要用到一个皮尔逊定理。皮尔逊定理是：不论总体服从什么分布，只要 H_0 为真，并且是用最大似然估计法估计出 H_0 中假设分布类型中的未知参数，则当 $n \to \infty$ 时，$\chi^2 = \sum\limits_{i=1}^{k} \dfrac{(f_i - np_i)^2}{np_i}$ 的极限分布是 $\chi^2 = \chi^2(k-r-1)$，其中，k 是小区间的个数，r 是 H_0 中假设分布类型中的未知参数的个数。

于是，当样本量 n 很大时，近似使用这个分布，就可以得到在显著性水平 α 下 H_0 的拒绝域

$$\chi^2 = \sum\limits_{i=1}^{k} \frac{(f_i - np_i)^2}{np_i} > \chi^2(k-r-1) \tag{2-97}$$

在使用该方法时，一是样本量要大，一般 $n \geqslant 30$，二是小区间的个数 k 不宜过多，也不宜过少，一般取 $6 \leqslant k \leqslant 20$，并且要使得每个小区间上的 np_i 至少满足 $np_i \geqslant 5$。

独立性检验、回归分析、方差分析在这里就不详细介绍了，深入的讨论参见文献 [4]。

2.4　凸集模型

Ben-Haim 和 Elishakoff 提出不确定性的凸集（convex）模型[5]，在研究非概率不确定性时是一个重要的概念。暂不虑及凸集严格的数学定义，我们可以从凸集的图形上有如下的理解，即一个凸集若包含两个点，则这个凸集也一定包含这两个点之间的线段。这个概念可以拓展到多维的椭球体。区间模型实际上是凸集模型的一种。比如，平面上的长方形是一个区间模型，长方形区域内的任何一点 P 可由在边界上的 A、B 两点组合得到，即

可以用 A 和 B 的坐标来表示 P 的坐标。而四个顶点就构成了二维变量的上下限制（见图 $2-30$）。

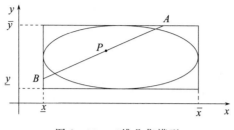

图 $2-30$　二维凸集模型

目前已经提出的能够描述不确定性的凸集模型很多，工程上有代表性的模型主要有两类。

1）包络界限凸集模型，即区间模型，表示为

$$G(x) = \{g(x) : g_1(x) \leqslant g(x) \leqslant g_2(x)\} \tag{2-98}$$

$g(x)$ 为变量 x 的不确定未知函数，$g_1(x)$ 和 $g_2(x)$ 表示区间的上下界，可以是确定的函数，也可以是常数。结构上的载荷力、发放机内弹道曲线的上下限、各种尺寸公差、材料参数的偏差等均可以用包络界限模型表示。所以，区间模型是凸集模型最常见的一种情况，我们将在下一节进一步讨论。

2）能量界限凸集模型，设累计输入能量的积分是有界的，表示为

$$U(\alpha) = \{u(t) : \int u^{\mathrm{T}}(t) w u^{\mathrm{T}}(t) \, \mathrm{d}t \leqslant \alpha^2\} \tag{2-99}$$

或者瞬时输入能量的是有界的，表示为

$$U(\alpha) = \{u(t) : u^{\mathrm{T}}(t) V u(t) \leqslant \alpha^2\} \tag{2-100}$$

实际上，有时我们只要掌握了不确定性的部分谱信息，就可以用上式表达有界傅里叶模型。

2.5　区间模型

在研究非线性系统模型的时候，我们常用泰勒级数将系统 $y = f(x)$ 在标称设计状态 x^* 处展开，得到

$$f(x) \approx \overline{f}(x) = f(x^* + \Delta x)$$
$$\approx f(x^*) + \frac{\mathrm{d}f(x^*)}{\mathrm{d}x} \Delta x + \frac{\mathrm{d}^2 f(x^*)}{\mathrm{d}x^2} \frac{(\Delta x)^2}{2!} + \cdots + \frac{\mathrm{d}^k f(x^*)}{\mathrm{d}x^k} \frac{(\Delta x)^k}{k!}$$
$$\tag{2-101}$$

所以，实际系统模型 $f(x)$ 可以近似地表述为在区间 $[\overline{f}(x) - e, \overline{f}(x) + e]$。此时，我们实际上是忽略了 $(k+1)$ 及其更高阶项

$$e = \frac{\mathrm{d}^{k+1} f(\xi)}{\mathrm{d}x^{k+1}} \frac{(\Delta x)^{k+1}}{(k+1)!} \tag{2-102}$$

其中，$x^* < \xi < x^* + \Delta x$。

工程设计上有很多的不确定性可以用区间形式描述。比如在产品设计和制造方面，产品的几何尺寸参数或质量参数 x 有一个偏差 δx，那么，这个参数就可以表达为一个区间参数 $[x - \delta x, x + \delta x]$。再比如，外载荷 F 可能在 F_1 和 F_2 之间变化，但 F 的概率分布不确定，这时的外载荷就可以表达成一个区间 $[F_1, F_2]$。在实际应用中，由于老化、腐蚀和使用条件的变化，结构系统的性能也会发生变化。在这种情况下，结构系统的应力、强度信息的分布特性也是很难获得的，而得到其区间的信息相对比较容易，因此也可以应用区间分析的方法[6]。

2.5.1　区间变量的运算

假设区间参数为 $x = [\underline{x}, \overline{x}]$，$\underline{x}$ 为区间下限，$\overline{x}$ 为区间上限，$\underline{x} = x_0 - \Delta x$，$\overline{x} = x_0 + \Delta x$，其中，$x_0$ 为标称值，Δx 为 x 的偏差。

设系统的响应 $f = (x_1, x_2, \cdots, x_n)$，$x_1, x_2, \cdots, x_n$ 为 n 个区间变量，其中 $x_i = [\underline{x_i}, \overline{x_i}]$，$i = 1, 2, \cdots, n$。为了下面表述方便，我们稍微改写一下，令 $x_i = [\underline{x_i}, \overline{x_i}] = [x_i^{(1)}, x_i^{(2)}]$，那么 $f = (x_1, x_2, \cdots, x_n)$ 的所有可能取值就是 $x_i = [\underline{x_i}, \overline{x_i}]$ 的所有上、下限的组合，即

$$f_r = f(x_1^{(i)}, x_2^{(j)}, \cdots, x_n^{(k)}), i = 1, 2; j = 1, 2; k = 1, 2; r = 1, 2, \cdots, 2^n \quad (2-103)$$

每一个 f_r 就是 f 在特定 $x_1, x_2, \cdots, x_n$ 边界组合下的值，所以 f 也可以表示为一个区间数，即

$$f = [\underline{f}, \overline{f}] = [\min_r f_r, \max_r f_r] \quad (2-104)$$

这个在数学上的概念是很清晰的，表达也很简洁。但在实际使用时，特别是当包含大量的区间参数时，这种组合方式的分析需要进行 2^n 次，将会导致维数灾难，是一个非常费时费力的事。

区间运算上也是很直接明了的，设两个区间数 $a = [\underline{a}, \overline{a}]$ 和 $b = [\underline{b}, \overline{b}]$，那么 $a + b$ 的区间为

$$[\underline{a}, \overline{a}] + [\underline{b}, \overline{b}] = [\underline{a} + \underline{b}, \overline{a} + \overline{b}] \quad (2-105)$$

$a - b$ 的区间为

$$[\underline{a}, \overline{a}] - [\underline{b}, \overline{b}] = [\underline{a} - \overline{b}, \overline{a} - \underline{b}] \quad (2-106)$$

$a \times b$ 的区间为

$$[\underline{a}, \overline{a}] \cdot [\underline{b}, \overline{b}] = [\min(\underline{a} \cdot \underline{b}, \underline{a} \cdot \overline{b}, \overline{a} \cdot \underline{b}, \overline{a} \cdot \overline{b}), \max(\underline{a} \cdot \underline{b}, \underline{a} \cdot \overline{b}, \overline{a} \cdot \underline{b}, \overline{a} \cdot \overline{b})]$$

$$(2-107)$$

$a \div b$ 的区间为

$$[\underline{a}, \overline{a}] / [\underline{b}, \overline{b}] = [\underline{a}, \overline{a}] \cdot \left[\frac{1}{\overline{b}}, \frac{1}{\underline{b}}\right], 0 \notin [\underline{b}, \overline{b}] \quad (2-108)$$

上面的运算还可以进一步拓展到矩阵的情况，看起来就更复杂了，比如区间参数的乘法可以表达为两个矩阵的乘积[7]，即

$$[A][B] = [C] \qquad (2-109)$$

其中

$$[A] = [a_{ij}]_{(p \times q)} = [\underline{a}_{ij}, \overline{a}_{ij}]_{(p \times q)}$$

$$[B] = [b_{ij}]_{(q \times r)} = [\underline{b}_{ij}, \overline{b}_{ij}]_{(q \times r)}$$

$$[C] = [c_{ij}]_{(p \times r)} = [\underline{c}_{ij}, \overline{c}_{ij}]_{(p \times r)}$$

矩阵 $[C]$ 中的元素确定如下

$$c_{ij} = \sum_{k=1}^{q} a_{ik} b_{kj}, \quad i = 1, 2, \cdots, p; \quad j = 1, 2, \cdots, r$$

特别要注意的是，在使用区间运算的时候，应关注其区间参数的原始物理意义和约束，否则得出的结果可能没有意义。

上面简单的区间运算可以给出响应变量 c 确定的区间范围。但是，若涉及多个区间变量的复杂函数关系或者非线性关系，或者函数关系根本无法显性表达的时候，就很难用一个简单的方法给出响应变量 c 确定的区间范围，而在实际的工程系统中，这也是常常遇到的。在这种情况下，我们可以采用比较输入参数和输出参数范围的区间截断法[7]，如图 2-31 所示。

设两个输入区间变量 $a = [\underline{a}, \overline{a}]$ 和 $b = [\underline{b}, \overline{b}]$，响应输出区间变量 $c = [\underline{c}, \overline{c}]$ 可以通过区间运算的方法得到。用 a 的中心值 $a_0 = \dfrac{\underline{a} + \overline{a}}{2}$ 和 b 的中心值 $b_0 = \dfrac{\underline{b} + \overline{b}}{2}$ 做同样的区间运算，可以根据输出 c 与输入 a、b 的函数关系得到输出 c_0。如果 c_0 非常接近于 0，可以认为 $c = [\underline{c}, \overline{c}]$ 就是我们期望的结果，不需要采用截断法。否则，我们可以采取以下截断法。

1）计算区间 $(\overline{c} - \underline{c})$ 相对中值 c_0 的偏差

$$\Delta_1 = \left| \frac{c_0 - \underline{c}}{c_0} \right|, \Delta_2 = \left| \frac{\overline{c} - c_0}{c_0} \right|, \Delta = \Delta_1 + \Delta_2 = \overline{c} - \underline{c} \qquad (2-110)$$

2）由于 Δ 一定是大于或等于 $c = [\underline{c}, \overline{c}]$ 真实的偏差，我们可以假定 $(\overline{c} - \underline{c})$ 最大允许的偏差为 $2t$，而 t 取所有输入（这里就是 a 和 b）对其各自中心值相对偏差的最大值

$$t = \max \left(\left| \frac{\overline{a} - \underline{a}}{a_0} \right|, \left| \frac{\overline{b} - \underline{b}}{b_0} \right| \right) \qquad (2-111)$$

3）按照下面的方法比较 c 截断的策略：

当 $\Delta_1 \leqslant t$ 并且 $\Delta_2 \leqslant t$ 时，$c = [\underline{c}, \overline{c}]$

当 $\Delta_1 > t$ 并且 $\Delta_2 \leqslant t$ 时，$c = [c_0 + t(\underline{c} - c_0), \overline{c}]$

当 $\Delta_1 \leqslant t$ 并且 $\Delta_2 > t$ 时，$c = [\underline{c}, c_0 + t(\overline{c} - c_0)]$

当 $\Delta_1 > t$ 并且 $\Delta_2 > t$ 时，$c = [c_0 + t(\underline{c} - c_0), c_0 + t(\overline{c} - c_0)]$

2.5.2　区间模型的可靠性度量

下面以结构强度和应力为例，介绍非概率可靠性的度量（以下的推导和图例引自文献[8]）。参照上面的定义，结构的强度和应力的区间可以分别表达为：$R = [\overline{R}, \underline{R}]$，$S = [\underline{S}, \overline{S}]$，其中值和离差可以分别表达为

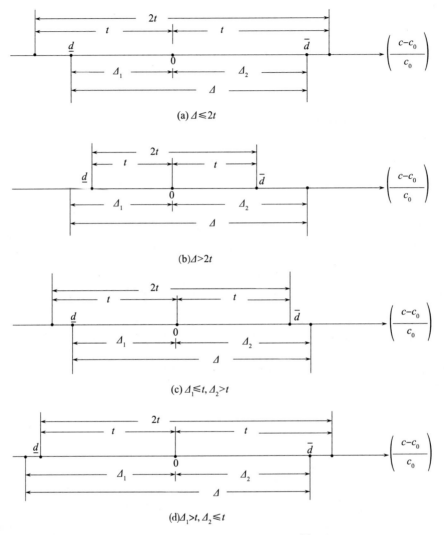

图 2 - 31　截断法不同情况示意图[7]

$$R^c = \frac{\overline{R} + \underline{R}}{2} \tag{2-112}$$

$$S^c = \frac{\overline{S} + \underline{S}}{2} \tag{2-113}$$

$$R^r = \frac{\overline{R} - \underline{R}}{2} \tag{2-114}$$

$$S^r = \frac{\overline{S} - \underline{S}}{2} \tag{2-115}$$

　　在结构分析和实际应用时，结构的强度和应力具有同样的物理维度。为了表示方便，我们把它们放在一个数轴上。在设计过程中，结构的强度应该大于结构实际的应力，这不仅是对结构的强度和应力中值而言，还考虑了它们在实际中的离散性，由于这种离散性，二者不可避免地有交叉，如图 2 - 32 所示阴影部分。类似于概率可靠性问题，我们希望能够找到一个指标用来对非概率可靠性进行度量。

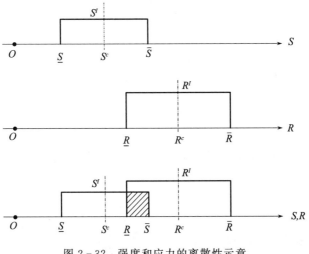

图 2 - 32　强度和应力的离散性示意

给定 R 和 S，可以通过极限状态 $g(R，S) = R - S$ 来判断结构是安全的还是不安全的，极限状态方程 $g(R，S) = R - S = 0$ 把设计空间分成两部分，$g(R，S) > 0$ 表示设计的安全区，$g(R，S) < 0$ 表示设计失效区或非安全区。文献 [8] 论述得非常直观清晰，我们借鉴该文献的思路，介绍下面几种特殊情况，以便引入结构非概率可靠性的度量。

1）强度 R 是确定性量，应力 S 是一个区间变量。

在这种情况下，设计的安全区域是图 2 - 33 中的阴影部分，位于 R 的左侧。直观地看，阴影部分越宽，结构的可靠性越高，很自然地，我们可以用安全区域长度与总长度的比来表征结构的安全度量

$$S_M = \frac{R - \underline{S}}{\overline{S} - \underline{S}} \tag{2-116}$$

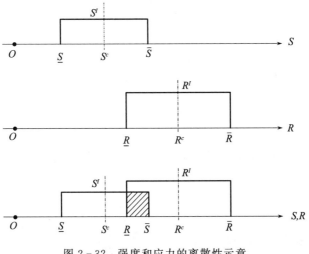

图 2 - 33　仅应力 S 是区间变量的情况

结构失效（不安全）的问题，可以用失效区域的长度和总的长度之比来度量

$$F_M = \frac{\overline{S} - R}{\overline{S} - \underline{S}} \tag{2-117}$$

显然，$S_M = 1 - F_M$。

2）强度 R 是区间变量，应力 S 是一个确定性的量。

在这种情况下，设计的安全区域是图 2 - 34 中的阴影部分，非阴影区为失效区。同

样，阴影部分越宽，结构的可靠性越高。用安全区域长度与总长度的比来表征结构的安全度量

$$S_M = \frac{\overline{R} - S}{\overline{R} - \underline{R}} \tag{2-118}$$

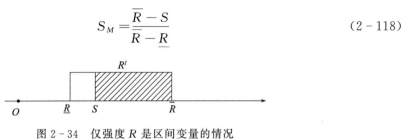

图 2-34　仅强度 R 是区间变量的情况

用失效区域的长度和总的长度之比作为结构失效的度量

$$F_M = \frac{S - \underline{R}}{\overline{R} - \underline{R}} \tag{2-119}$$

同样，$S_M = 1 - F_M$。

3）强度和应力都是区间变量。

强度和应力都是区间变量的情况如图 2-35 所示。这个情形是我们在实际设计中经常遇到的。这时，强度的中值 R^c 比应力的中值 S^c 大，并不能保证结构是安全的，也就是说，$g(R, S) = R - S < 0$ 是有一定可能性出现的。图 2-35 中的矩形区域是由强度和应力的变化区间决定的，这个矩形被极限状态直线 $g(R, S) = R - S = 0$ 分成了两个部分，安全域是图中阴影区域，另外一部分是失效域。类似地，确定大于应力的可能性可以用安全域的面积和总的变化区域（即矩形区域）的面积之比来衡量

$$S_M = \frac{A_{\text{safe}}}{A_{\text{total}}} \tag{2-120}$$

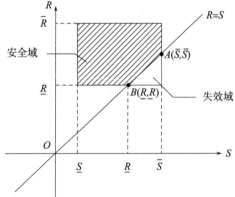

图 2-35　强度和应力均为区间变量的情况

此时，$g(R, S) = R - S > 0$ 是有一定的可能性 $\eta(g(R, S) > 0)$ 出现的，$\eta(\cdot)$ 表征可能性，所以，可以定义

$$S_M = \eta(g(R,S) > 0) = \frac{A_{\text{safe}}}{A_{\text{total}}} \tag{2-121}$$

失效可能性度量为

$$F_M = \eta(g(R,S) < 0) = \frac{A_{\text{failure}}}{A_{\text{total}}} = 1 - \frac{A_{\text{safe}}}{A_{\text{total}}} \tag{2-122}$$

当应力的最大值或上限 $\overline{S}$ 不大于强度的最小值或下限 $\underline{R}$ 时，应力永远不会大于强度，也就是说此时失效的可能性为 0，这个可以表达为

$$F_M = \eta(g(R,S) < 0) = \frac{A_{\text{failure}}}{A_{\text{total}}} = 0 \tag{2-123}$$

应力的最大值或上限 $\overline{S}$ 等于强度的最小值或下限 $\underline{R}$ 时的状态，可以叫做临界状态，这时的状态如图 2-36 所示。

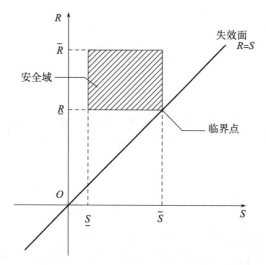

图 2-36　强度下限和应力上限相同时的临界情况

当极限状态 $g(R,S)$ 为非线性时，上面的论述依然可以沿用，如图 2-37 所示。

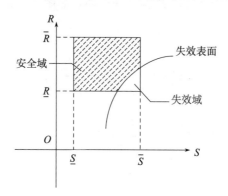

图 2-37　非线性极限状态函数情况下的安全域与失效域

当极限状态 $g(R,S)$ 为多维区间变量的函数时，上面的平面就变成了一个多维的区

域或超空间，这个超空间被极限状态曲面（或超曲面）分割为两部分，一部分是安全域，另一部分为失效域。非概率失效率度量可以定义为失效域的（超）体积与整个（超）体积之比；而非概率的安全性度量可以表达为安全域的（超）体积与整个（超）体积之比。

基于区间不确定性，文献［9］提出了非概率可靠性的另一种度量方法。其基本思想是，由于结构性能参数的变化，极限状态函数有相应变化，而结构性能参数为区间变量时，极限状态函数也在某一个区间内变化，根据其变化范围，可以确定结构的安全程度。

若结构的不确定参数 x 在某区间内变化，其上、下界分别为 $\overline{x}$、$\underline{x}$，令

$$x^c = \frac{\overline{x} + \underline{x}}{2} \tag{2-124}$$

$$x^r = \frac{\overline{x} - \underline{x}}{2} \tag{2-125}$$

则有

$$\overline{x} = x^c + x^r \tag{2-126}$$

$$\underline{x} = x^c - x^r \tag{2-127}$$

且区间变量 x 可分别表示为

$$x = x^c + \delta x^r \tag{2-128}$$

其中，$\delta = [-1, 1]$ 为归一化的区间变量。显然，任意实值区间变量 x 可由 x^c 和 x^r 两参数唯一确定。x^c 为区间数的算术平均，称为 x 的均值。x^r 表示区间数相对于均值 x^c 的分散程度，称为 x 的离差。

参考结构概率设计的极限状态函数形式，引入区间变量的极限状态函数

$$g(x) = g(x_1, x_2, \cdots, x_n) \tag{2-129}$$

由于区间变量 x 的作用，响应 $g(x) = g(x_1, x_2, \cdots, x_n)$ 也是区间变量，参照上面的定义，我们定义 $\overline{g}$、$\underline{g}$、g^c、g^r 分别为 $g(x)$ 的上限、下限、均值和离差，定义

$$\eta = \frac{g^c}{g^r} = \frac{\overline{g} + \underline{g}}{\overline{g} - \underline{g}} \tag{2-130}$$

当 $\eta > 1$ 时，总有 $g(x) > 0$，结构是安全的，如图 2-38 所示。

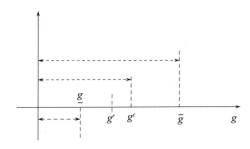

图 2-38　结构可靠度指标 $\eta > 1$ 的情况

当 $\eta < -1$ 时，总有 $g(x) < 0$，结构是不安全的，如图 2-39 所示。

当 $-1 \leqslant \eta \leqslant 1$ 时，$g(x) > 0$ 或 $g(x) < 0$ 都是有可能的，此时不能判断结构是安全

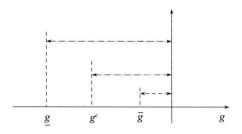

图 2-39　结构可靠度指标 $\eta < -1$ 的情况

的还是失效的，但 η 越大，结构的安全程度越高，η 越小，结构的安全程度越低，如图 2-40 所示。

因此，可以把 η 作为结构可靠度指标的一个度量。

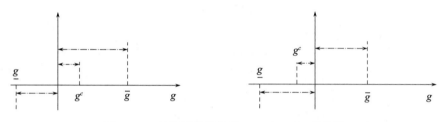

图 2-40　结构可靠度指标 $-1 \leqslant \eta \leqslant 1$ 的情况

文献 [10] 将区间凸模型理论引入不确定条件下贮箱的可靠性评估中，在推导分析推进剂贮箱应力分布的基础上，将贮箱等效应力与临界应力的不确定性转换为区间凸集的形式，结合应力强度干涉理论及正则化区间面积比方法，提出了推进剂贮箱应力强度区间凸模型可靠性评估方法。

2.6　模糊模型

模糊数学理论是在经典的集合论基础上提出的[11]。模糊数学中隶属度函数的概念及可能性测度，可以用来处理具有不明确内涵及外延的非精确事件，因此可以用来处理认知不确定性。

在经典的集合论中，每一个集合都是由确定的元素构成的，即集合的边界是清晰的（也就是通常所说的外延），每一个元素对集合的隶属关系也是明确的（也就是通常所说的内涵）。每个元素要么属于集合，这种情况可以定义其为 1，要么不属于这个集合，此时定义其为 0。比如元素 α 和集合 A 的关系只能有 $\alpha \in A$ 和 $\alpha \notin A$ 两种情况，故可以用集合论中的特征函数 $C_A(\alpha)$ 描述如下

$$C_A(\alpha) = \begin{cases} 1, & \alpha \in A \\ 0, & \alpha \notin A \end{cases} \tag{2-131}$$

具体如图 2-41 所示。

在经典的集合论中，描述集合的特征函数 $C_A(\alpha)$ 只允许取 0 或者 1 两个值，它与二值

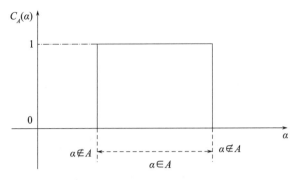

图 2-41　特征函数描述示意

逻辑思想对应。而在模糊集合论中，为了客观描述事件的模糊性，将二值逻辑推广至可以取 [0，1] 闭区间的任意无穷多个值的连续性逻辑，从而把特征函数进行了拓展，形成了隶属度函数 $\mu_A(\alpha)$，很多文献中用 $\mu_{\tilde{A}}(\alpha)$ 来表达模糊集。因此，隶属度函数 $\mu_A(\alpha)$ 与 $C_A(\alpha)$ 的含义是类似的，只不过它们的取值不同而已。隶属度函数是模糊理论中的一个重要概念。隶属度函数 $\mu_A(\alpha)$ 的取值在 [0，1]，越接近于 1 时，α 隶属于 A 的程度就越高。有时也把隶属度函数记为 $\mu_A(\alpha) \in [0，1]$，其一般形式如图 2-42 所示。

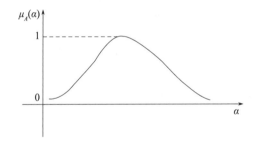

图 2-42　隶属度函数描述示意

隶属度函数的形式有很多种，可以是分段线性的，比如三角形或单调形的，也可以是非线性的；隶属度函数构造的方法也很多，如模糊统计法、例证法、专家经验法、二元对比排序法、基于多特征相似性融合法等[12]。判断一个隶属度函数好与不好的标准是要看它是否与实际相吻合。

可能性测度是在模糊理论框架下提出的数学测度，假设我们记这个测度为 Π，它是在三条公理的基础上确定的[13]。

公理 1　对于空的集合 Ω，测度 $\Pi(\Omega)=0$。

一个空的集合，无论用什么测度表征，它都不会给出任何信息，所以其测度为 0，这个似乎不难理解。

公理 2　对于全集集合 Γ，测度 $\Pi(\Gamma)=1$。

一个全集集合，无论用什么测度表征，它给出的信息都是完整的，其测度均为 1。

公理 3　对于全集集合 Γ 中的任意集合 Λ_1 和 Λ_2，测度为

$$\Pi(\Lambda_1 \bigcup \Lambda_2) = \max(\Pi(\Lambda_1), \Pi(\Lambda_2)) \qquad (2-132)$$

用文献［14］给出的例子来理解一下式（2-132）。假设定义系统可靠性是系统在规定时间内、规定条件下完成其规定功能的可能性测度 Π，对于事件 $\Lambda_1 = \{$系统工作$\}$，事件 $\Lambda_2 = \{$系统不工作$\}$，则根据可能性理论，可靠度 $R = \Pi(\Lambda_1)$，不可靠度 $\overline{R} = \Pi(\Lambda_2)$，由于全集集合 Γ 的可能性测度为式（2-132），所以

$$\Pi(\Lambda_1 \bigcup \Lambda_2) = \max(\Pi(\Lambda_1), \Pi(\Lambda_2)) = \max(R, \overline{R}) = 1 \qquad (2-133)$$

文献［15］针对航空航天飞行器结构几何构成、材料性能和外部载荷的概率模型难以准确获得的问题，开展了模糊不确定性条件下结构时变可靠性理论、满足失效可能度要求的安全寿命分析模型的研究：

1）为了度量模糊不确定性条件下给定时间区间内结构的安全程度，提出了基于能度可靠性理论的时变失效可能度的概念。当定义结构的功能函数小于零为失效时，结构的时变失效可能度的定义为：模糊输入变量条件下结构功能函数在指定时间区间内小于零的可能度。当功能函数隶属度大于时变失效可能度时，结构系统在指定时间区间内是不会失效的。所定义的时变失效可能度反映了模糊不确定性条件下结构的安全程度。为了计算所定义的时变失效可能度，提出了单重循环优化算法，通过极值的方法将时变失效可能度转换为时不变失效可能度，相比双重循环嵌套优化算法，计算量大大降低。

2）为保证模糊不确定性情况下结构系统的安全服役，建立了满足安全性要求的安全寿命的分析方法。以模糊不确定性条件下广泛使用的失效可能度作为安全度量指标，将满足要求的失效可能度（也称为目标失效可能度）约束下的安全寿命定义为实际动态失效可能度不大于目标失效可能度所对应的工作时间区间的上界。当结构系统工作时间区间的上界小于安全寿命时，则结构的实际动态失效可能度就小于目标失效可能度，从而保证结构的安全工作。该研究还证明了目标失效可能度约束与响应函数极小值下界约束的等价性，并构造了相应的约束等价转换后安全寿命的求解方法。

2.7　证据理论

证据理论也称为 Dempster-Shafer 证据理论，简称为 D-S 证据理论，是一种对不确定性的推理方法。由于其在不确定性信息的表达和推理方面接近人类专家的思维习惯，所以，在有信息融合的领域具有广泛应用。在多源信息融合过程中，多源数据提供的信息常常是不完整、不精确、模糊的，甚至有时有可能是错误的、矛盾的，即包含了大量的不确定性。融合过程不得不依据这些不确定性信息进行推理，以实现对多源信息描述目标的判别。不确定性推理是建立在非经典逻辑基础上的一种基于不确定性知识的推理，从不确定性初始信息出发，通过运用不确定性知识，推出具有一定程度不确定性和合理性或近似合理性的结论。

运载火箭子样少，但不同型号同一系统在不同设计阶段具有多源输出信息，多源信息中的冗余信息和互补信息可以降低信息的不确定性，从而可以扩展信息描述维度、广度和

精确程度，减少模糊性，提高鲁棒性。

　　证据理论在衡量一个事件 B 的概率时，通常根据已有的与其相关的证据（命题、事件或信息）来进行评估，并给出信度（belief）和似然度（plausibility）两个值作为该事件概率的上下限。为此，需要首先确定所分析时间的识别框架（Frame of discernment）。

　　识别框架是在一个离散集合，记作 $\Theta = \{\theta_1, \theta_2, \cdots, \theta_n\}$，其中，$\Theta$ 包含了用于描述事件 B 的所有可能且相互独立（相互排斥）的基本假设或命题。例如，对于 X 表示"不大于 5 的正整数"的命题，其识别框架 $\Theta = \{1, 2, 3, 4, 5\}$，则 $\{1\}$ 表示"X 的值是 1"，$\{1, 3, 5\}$ 则表示"不大于 5 的正整数是奇数"，等等。对于不同的判断假设，就可以形成对应的不同离散集合的子集。用更一般的表达，令 A_i 表示 Θ 的子集，则有 $i = 1, 2, 3, \cdots, 2^n$，所有的子集构成了识别框架 Θ 的幂集，2^Θ 表示。2^Θ 中的每一个组成元素称为 Θ 的一个基元。那么 2^Θ 可以表示为

$$2^\Theta = \{\Omega, \{\theta_1\}, \cdots, \{\theta_n\}, \{\theta_1, \theta_2\}, \{\theta_1, \theta_3\}, \cdots, \{\theta_1, \theta_n\}, \cdots$$
$$\{\theta_{n-1}, \theta_n\}, \cdots, \{\theta_1, \theta_2, \theta_3\}, \cdots, \{\theta_1, \theta_2, \cdots, \theta_n\}\} \quad (2-134)$$

其中 Ω 表示空集。

　　例如，假设 $\Theta = \{1, 2\}$，则其幂集 $2^\Theta = \{\Omega, \{1\}, \{2\}, \{1, 2\}\}$，其中 4 个元素分别表示命题"取值既非 1 也非 2""取值为 1""取值为 2""取值为 1 或 2"。然后，针对识别框架幂集中的每一个元素，通过证据确定其基本概率分配函数（Basic Probability Assignment，BPA）。BPA 为正的元素称为焦元（Focal Set 或 Focal element）。BPA 本质上是一个 2^Θ 幂集到 $[0, 1]$ 的一个映射函数，即 $2^\Theta \rightarrow [0, 1]$，用 m 表示，且必须满足

$$\begin{cases} m(\Omega) = 0 \\ \sum_{A_i \in 2^\Theta} m(A_i) = 1 \end{cases} \quad (2-135)$$

　　在实际情况下，基本概率分配函数的值通常是由领域专家根据已有的信息并结合经验给出的，是一种主观信息，这便是证据理论对认知不确定性的表示和描述。根据焦元和相对应的基本概率分配函数的值构成的新证据，便可以计算所关心事件的信度和似然度度量

$$\begin{cases} Bel(B) = \sum_{A_i \subseteq B} m(A_i) \\ Pl(B) = \sum_{A_i \cap B \neq \Omega} m(A_i) \end{cases} \quad (2-136)$$

其中，$Bel(\cdot)$ 表示信度，它描述的是证据支持事件 B 发生的程度；$Pl(\cdot)$ 表示似然度，它描述的是证据不支持该事件的补事件发生的程度。这两个值便构成了事件 B 发生概率的上限和下限（见图 2-43）

$$Bel(B) \leqslant P(B) \leqslant Pl(B)$$

　　以关注的事件 B 是产品的可靠度为例，这个时候，$P(B)$ 就演化成了可靠度 R。若搜集相关证据来计算 R 的信度和似然度，就构成了可靠度的区间 $[\underline{R}, \overline{R}]$，$\underline{R}$ 为产品可靠的信度，$\overline{R}$ 为产品可靠的似然度。这个区间的大小反映认知不确定性的大小，区间越宽，认知不确定性就越大。对于不同问题和不同模型，构建的识别框架和获取 BPA 的方式是不

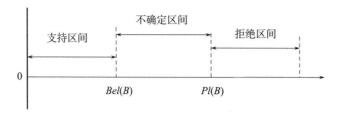

图 2 - 43　证据理论信息不确定性表示

同的。仍以产品的可靠度为例，目前相关的研究关注于概率模型中用证据理论刻画模型参数存在的认知不确定性，从而计算系统的可靠性指标。一种常见的方法是：首先构造产品的性能模型 $y = f(x)$，其中 y 是某个关注的性能参数，x 为输入的向量。假设超过某一阈值 y_c 时产品发生故障，那么产品可靠的事件定义为 $B = \{y < y_c\}$。然后，通过构建参数的取值的全集，也就是前面定义的识别框架，由专家对每个取值可能分配 BPA。构建证据理论的不确定性传播法则，便能计算事件 B 的信度 $Bel(\cdot)$ 和似然度 $Pl(\cdot)$，从而得到相应的可靠度区间 $[\underline{R}, \overline{R}]$。

在结构设计领域，一些学者尝试利用证据理论来量化设计参数的不确定性，并通过极限状态方程来计算可靠度指标。文献 [16] 利用证据理论对大型结构可靠性分析问题进行了研究。其基本思路是：首先对不确定性参数确定基本概率分配函数，这一过程实现了对不确定性的量化；然后利用代理模型求解失效域参数，并计算结构失效的信度与似然度，这一过程完成了不确定性的传播，从而确定了失效概率的上界和下界。

文献 [17] 研究了基于证据理论的固体火箭发动机壳体设计。固体火箭发动机在工程设计中一般采用安全系数法得到燃烧室壳体的最小厚度，即

$$\delta_{\min} = f \frac{kPD}{2\varphi\sigma_b} \tag{2-137}$$

式中，f 为安全系数；k 为压强波动系数；P 为燃烧室平均工作压强；D 为燃烧室壳体外径；φ 为焊缝系数；σ_b 为材料强度极限。

在工程上，材料强度极限、几何尺寸等服从某种概率分布，压强波动系数、焊缝系数等参数由于设计知识和信息的缺乏，属于认知不确定性变量。于是，在发动机设计过程中，同时考虑参数的随机不确定性和参数认知不确定性，采用证据理论对不确定性建模，选择压强波动系数 k 和强度极限 σ_b 两个不确定性变量。对于压强波动系数 k，则根据专家工程经验和缩比实验结果给出了压强波动系数的基本概率赋值结构，强度极限 σ_b 服从正态分布，根据证据理论计算的信度和似然度，确定所设计壳体厚度可靠性区间，相比传统的安全系数法能较大程度地减小保守程度。

证据理论在工程上其他的研究成果可进一步参考文献 [18 — 21]。

参 考 文 献

［1］ 保尔 拉法格. 回忆马克思恩格斯［M］. 北京：人民出版社，1973：7.

［2］ http：//www. itl. nist. gov/div898/handbook/dtoc. htm，E－handbook－of－statistical－methods.

［3］ JONKMAN S N，STEENBERGEN R D J M，MORALES－NÁPOLES O，et al. Probabilistic Design：Risk and Reliability Analysis in Civil Engineering［J］. Lecture notes CIE4130，Delft University of Technology，2015.

［4］ 赵文淦. 概率论与数理统计［M］. 北京：北京工业学院出版社，1986.

［5］ BEN－HAIM Y，ELISHAKOFF I. Convex Models of uncertainty in Applied Mechanics［M］. Amsterdam：Elsevier，1990.

［6］ RAO S S，BERKE L. Analysis of Uncertain Structural Systems Using Interval Analysis［J］. AIAA Journal，1997，35（4）：727－735.

［7］ RAO S，LINGTAO CAO. Optimum Design of Mechanical Systems Involving Interval Parameters［J］. Journal of Mechanical Design，2002，124（3）：465－472.

［8］ WANG X，QIU Z，ELISHAKOFF I. Non－probabilistic set－theoretic model for structural safety measure［J］. Acta Mechanica，2008（198）：51－64.

［9］ 郭书祥，吕震宙，冯元生. 基于区间分析的结构非概率可靠性模型［J］. 计算力学学报，2001，18（1）：56－60.

［10］ 辛腾达，王华，崔村燕，等. 不确定条件下贮箱区间凸模型可靠性评估［J］. 北京航空航天大学学报，2018，44（11）：2380－2386.

［11］ ZADEH L A. Fuzzy sets［J］. Information and Control，1965，8（3）：338－353.

［12］ 陈小前，姚雯，欧阳琦. 飞行器不确定性多学科设计优化理论与应用［M］. 北京：科学出版社，2013.

［13］ ZADEH L A. Fuzzy sets as a basis for a theory of possibility［J］. Fuzzy Sets and Systems，1999（100）Supplement－1：9－34.

［14］ 康锐，等. 确信可靠性理论与方法［M］. 北京：国防工业出版社，2020.

［15］ 樊重庆. 模糊不确定性结构的可靠性与灵敏度分析研究［D］. 西北工业大学，2018.

［16］ BAE H R，GRANDHI R V，CANFIELD R A. Epistemic uncertainty quantification techniques including Evidence Theory for large－scale structure［J］. Computers & Structures，2004，82（13－14）：1101－1112.

［17］ 李晓斌，张为华，王中伟. 基于证据理论的固体火箭发动机不确定性设计［J］. 弹箭与制导学报，2006，26（2）：420－422.

［18］ 梁伟光. 基于证据理论的在轨航天器故障诊断方法研究［D］. 中国科学技术大学，2011.

[19]　范松. 基于证据理论的机械可靠性分析及优化设计方法 [B]. 湖南大学，2015.

[20]　王巨. 基于证据理论的可靠性设计优化方法及其在汽车轻量化的应用 [B]. 湖南大学，2019.

[21]　郭惠昕，刘德顺，胡冠星，等. 证据理论和区间分析相结合的可靠性优化设计方法 [J]. 机械工程学报，2008，44（12）：35 - 41.

第 3 章　运载火箭总体设计不确定性分析

火箭总体设计面临的不确定性是指由于设计模型的简化、计算或试验方法和装置的误差、实际环境偏离标准值、各级产品材料、制造及工艺误差等原因引起的总体设计参数实际值与理论值的偏离或散布。这些不确定性是弹道、制导、姿控等各系统设计的重要依据，同时也影响火箭最终的性能。本章讨论火箭总体设计的输入输出关系，对典型的设计不确定性特性进行分析，对小子样数据的设计使用问题进行探讨。

3.1　总体设计典型输入输出关系

运载火箭总体设计包含火箭总体、弹道制导姿控、结构、推进动力、分离、载荷与力学环境、气动与热环境等多个系统（专业），总体和下游各系统（专业）之间以及各系统（专业）之间的输入输出关系，本质上是对应着设计参数不确定性的传递关系，要分析不确定性对各自设计的影响，就要首先了解火箭设计上下游之间的参数传递关系。

总体专业设计参数的输入输出关系见表 3-1。总体专业以研制总要求为根本依据，以初始数据和理论图牵引各专业开展协调和迭代设计，并最终形成火箭系统总体方案。表 3-1～表 3-9 分别列出了主要几个专业的输入输出参数。本书中没有刻意区分某专业是总体专业还是系统专业，如实际中可能有结构总体和结构设计专业，本书笼统称为结构专业，其他如姿控总体和姿控设计专业、动力总体和推进动力系统等也做类似处理，这样做不影响对核心问题的讨论。

表 3-1　总体专业输入输出关系

参数类型	典型参数
输入	研制要求（主要是发射和入轨条件）
输出	理论图和初始数据（主要包括全箭长度、直径、级间比，全箭质量特性等）

表 3-2　弹道专业输入输出参数

参数类型	典型参数
输入	总体：质量特性及偏差 推进动力：发动机系统性能及偏差 气动及载荷环境：气动数据、大气数据、风场数据及上述数据的偏差
输出	运载能力、射程能力，以及姿控、载荷、防热和分离专业用偏差弹道

表 3 - 3　制导专业输入输出参数

参数类型	典型参数
输入	总体：质量特性及偏差 推进动力：发动机系统性能及偏差 气动及载荷环境：气动数据、大气数据、风场数据及上述数据的偏差
输出	入轨精度

表 3 - 4　姿控专业输入输出参数

参数类型	典型参数
输入	总体：火箭飞行状态下质量特性及偏差 推进动力：发动机系统性能及偏差，包括发动机内弹道参数（比冲、推力、压强、流量等）、姿控发动机推力、启动和关闭过渡过程及上述数据的偏差 气动及载荷环境：气动数据，大气（温度、密度等）、风场数据（高度、风速、最大风、切变风速等）及偏差，弹性数据（频率、振型、振型斜率、阻尼等）及偏差 弹道：标准弹道和偏差弹道数据 结构：结构协调要求确定的姿控发动机布局等 分离：各级分离点的姿态、姿态角速度偏差要求等
输出	刚体动力学系数、晃动动力学方程系数、弹性振动方程系数、结构干扰系数、气动力干扰系数、姿控可用总冲要求值、刚体运动学系数、弹性动力学系数、控制力要求、各级伺服摆角要求、姿控设计裕度、与姿控有关的飞行时序参数等

表 3 - 5　电气系统（专业）输入输出参数

参数类型	典型参数
输入	总体：主要技术指标分配和使用要求、箭上仪器设备重量指标、火箭主要飞行程序等 弹道：标准弹道 载荷环境：控制系统环境条件等 分离：分离时序要求、分离火工品控制要求等 结构：火工品性能参数及控制要求等 推进动力：控制阀、电磁阀控制要求及性能参数等
输出	电气系统总体方案、飞行时序、系统内外部电磁环境、雷电静电防护要求、电源品质、接地要求等

表 3 - 6　结构系统（专业）输入输出参数

参数类型	典型参数
输入	总体：理论图 气动及载荷环境：力、热载荷和环境条件，结构强度安全系数
输出	各部段长度、直径、质量、承载能力、结构刚度、局部频率、尺寸公差等

表 3 - 7　推进动力系统（专业）输入输出参数

参数类型	典型参数
输入	总体：推进剂物性、气体物性、推进剂质量 结构：几何尺寸边界、结构布局方案等 弹道：标准弹道和偏差弹道 气动及载荷环境：力、热载荷和环境条件，结构强度安全系数
输出	发动机推力、比冲、流量、工作时序、平均推力、平均比冲、工作时间、压力压强、混合比、后效冲量等以及上述参数的偏差

表 3 - 8　分离专业输入输出参数

参数类型	典型参数
输入	总体:初始数据 电气:飞行时序 结构:分离体质量特性、机械接口、结构外形包络,分离体液体晃动特性,分离能源作用力、分离能源作用时间或作用距离,以及上述参数的偏差 动力:发动机启动、关机推力特性及后效,以及上述参数的偏差 姿控:分离初始姿态和姿态角速度,以及上述参数的偏差 气动及载荷环境:分离体气动特性,以及上述参数的偏差 弹道:标准弹道和偏差弹道
输出	连接解锁方式、分离时序、分离间隙、分离体质量特性、分离速度或角速度、分离能源作用力及作用时间或作用行程、分离能源安装位置、分离导向参数、分离姿态干扰、火工品工作延迟和工作不同步性、供电电流及供电时间等

表 3 - 9　气动及载荷环境专业输入输出参数

参数类型	典型参数
输入	总体:理论图,初始数据 弹道:标准弹道、偏差弹道 结构:各部段几何外形、材料、等效厚度、蒙皮厚度、材料热物理属性参数,以及上述数据的偏差 推进动力:飞行时刻发动机推力、动压、过载贮箱增压压力,以及上述数据的偏差 姿控:攻摆角数据及其偏差
输出	火箭各部段各工况下的载荷,各工况下气动特性、气动载荷分布、脉动压力环境,仪器设备及其支架的力学环境试验条件;部(舱)段热环境、压力环境条件

　　分离专业计算起控点姿态角和角速度偏差时的主要输入关系如图 3 - 1 所示。总体的各级质量特性及偏差、动力系统性能及偏差、气动特性及偏差作为弹道专业的输入,输出偏差弹道作为分离专业的设计条件。同时,上述各输入也是姿控专业和分离专业设计的直接输入。因此,在目前的专业分工界面下,分离计算容易出现偏差重复考虑以及上下游考虑的偏差不匹配的现象,从而导致分离设计过于保守。

　　总体专业的质量特性及其偏差会直接用于姿控专业的控制力分析,同时,总体专业质量特性及其偏差也用于分离专业的分离分析仿真,而分离起控时刻的姿态角和姿态角速度信息也会作为输入给到姿控专业的控制力分析,总体质量特性偏差量传递流程如图 3 - 2 所示。可见,根据目前的设计流程,总体专业质量特性偏差量在分离计算和控制力分析工作流程中,存在复用的情况。

　　推进动力专业性能特性及其偏差会直接用于姿控专业的控制力分析,同时,推进动力专业性能特性及其偏差也用于分离专业的分离分析仿真,而分离起控时刻的姿态角和姿态角速度信息也会作为输入给到姿控专业的控制力分析,推进动力专业性能特性及其偏差传递流程如图 3 - 3 所示。可见,在目前的设计流程中,推进动力专业性能特性及其偏差量在分离计算和控制力分析工作流程中,存在复用的情况。

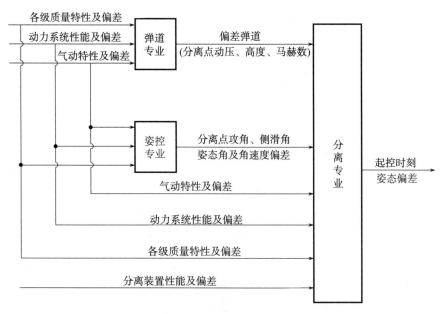

图 3-1　起控时刻姿态偏差计算的偏差量传递图

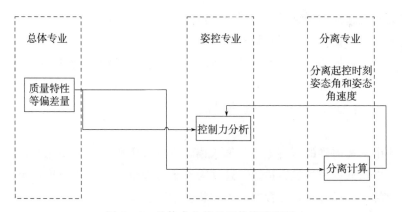

图 3-2　总体专业偏差量传递流程图

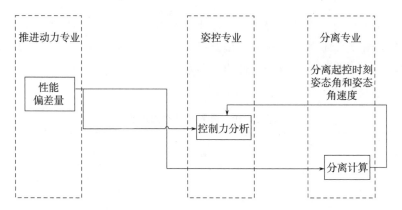

图 3-3　推进动力专业偏差量传递流程图

气动专业六分量特性及其偏差会直接用于姿控专业的控制力分析，同时，气动专业六分量特性及其偏差也用于分离专业的分离分析仿真，而分离起控时刻的姿态角和姿态角速度信息也会作为输入给到姿控专业的控制力分析，气动专业六分量特性及其偏差传递流程如图 3-4 所示。可见，在目前的设计流程中，气动专业六分量特性及其偏差在分离计算和控制力分析工作流程中，存在复用的情况。

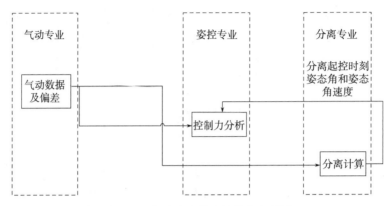

图 3-4　气动专业偏差量传递流程图

因此，为避免起控初始条件过于保守，可以采取一些措施，比如，在姿控系统设计及仿真中，由分离专业提供分离干扰模型编入姿控专业仿真程序中，姿控专业进行六自由度联合仿真，也称作姿控连续仿真的方法，可以使分离设计的精细化程度更高。

3.2　典型设计输入参数特性分析

在输入输出关系明确的基础上，当输入偏差可以采用概率模型描述时，其输出响应及其偏差同样可以用概率模型进行描述，这就为不确定性量化的概率分析奠定了基础。下文分析典型专业的主要设计输入参数及其偏差特征情况。

3.2.1　总体专业

总体专业是火箭总体设计的源头。总体通过初始数据和理论图的形式，分解研制总要求，梳理计算出相关专业的设计输入和偏差量，供相关各专业使用。这些偏差量包括火箭的总体质量特性、几何特性、发动机性能等参数偏差。

总体专业的偏差量主要包括表 3-10 中所列项目。

表 3-10　总体初始数据偏差

序号	偏差项目	备注
1	质量偏差	各级称重偏差； 各级起飞质量偏差
2	各级尺寸偏差	各级长度、直径偏差； 质心轴向偏差、质心横向偏差

续表

序号	偏差项目	备注
3	转动惯量偏差	各级三个方向转动惯量 $J_x/J_y/J_z$ 的偏差
4	纵轴偏斜偏差	
5	箭体附加攻角偏差	
6	翼舵安装偏差	

（1）质量偏差

质量偏差包含称重偏差和各级起飞质量偏差，称重偏差指全箭或各子级或仪器设备称重质量相对于实际质量的差值，一般为 0.1%，对指标和性能影响极小。

各级起飞质量偏差由各级结构质量偏差、仪器和设备质量偏差、支架与电缆及防热质量偏差、总装直属件质量偏差、发动机结构质量偏差、推进剂量偏差、火工品系统质量偏差等引起。实际产品的质量偏差受全箭规模影响，主要与推进剂量的偏差和各部段制造偏差相关。通过结构部段、发动机装药量偏差的控制，可以缩小全箭整体偏差量。一般情况下，质量偏差表达成 a_{-b}^{b}，其中 a 为中值，b 为偏差值（$b>0$），一般呈现为以 a 为均值的正态分布。然而，也存在一些特殊指标要求，这些要求不希望调整中值，如 a_{-c}^{b}（$c>0$）的情况，这时可以根据实际情况，用正态分布近似或实际的统计分布来描述。

（2）质心偏差

质心偏差分为轴向偏差和横向偏差。质心轴向偏差由有效载荷、发动机和其他动力系统、箭体各舱段及结构件、仪器和设备、支架、电缆、防热、火工品系统、总装直属件等的质心位置及其偏差引起。质心横向偏差由火箭各部分结构质量、质心横向偏差和产品各工艺部段对接面不垂直度等制造偏差造成。一般采用 a_{-b}^{b} 的形式表示，用正态分布描述。

（3）转动惯量偏差

转动惯量偏差主要源于有效载荷、发动机或其他动力系统、箭体各舱段及结构件、仪器设备、支架、电缆、防热、火工品系统、总装直属件等相对于箭体纵轴和质心的转动惯量偏差。一般采用 a_{-b}^{b} 的形式表示，通常用正态分布描述。

（4）纵轴偏斜偏差

纵轴偏斜偏差源于各部段端面垂直度，用于计算箭体附加攻角等偏差量。各部段纵轴偏斜主要由部段加工偏差及对接面不垂直度造成。一般采用 a_{-b}^{b} 的形式表示，用正态分布描述。

（5）翼舵安装偏差

翼舵安装偏差主要由翼舵安装及结构加工的偏差造成，产品翼舵安装偏差与结构设计制造偏差、安装工艺相关性较大。一般采用 a_{-b}^{b} 的形式表示，用正态分布描述。

3.2.2　推进动力专业

推进动力专业的主要偏差量见表 3 - 11，所有偏差均为输出偏差，供总体、气动、弹道、姿控等专业使用，其中装药质量偏差、平均比冲偏差、平均推力偏差、工作时间偏差四项为固体发动机性能偏差。

表 3 - 11　动力总体专业偏差量

序号	偏差项目	备注
1	装药质量偏差	一般装药质量、平均比冲偏差组合与平均推力、工作时间组合等效
2	平均比冲偏差	
3	平均推力偏差	
4	工作时间偏差	
5	结构质量偏差	
6	轴向质心偏差	
7	横向质心偏差	
8	推力线横移	
9	推力线偏斜	

固体动力系统通过提供包含装药质量偏差、平均比冲偏差、平均推力偏差和工作时间偏差的高温上限、常温中值和低温下限三条内弹道曲线，供各专业直接使用，一般不再额外增加偏差。有时在蒙特卡洛仿真分析时，将燃速、喉径等源头的偏差取正态分布，根据推力计算模型生成推力曲线，但该方法需要动力系统有更多的数据支撑。

在设计任务书中不方便对内弹道曲线约束，因此直接对装药质量偏差、平均比冲偏差、平均推力偏差、工作时间偏差提出具体指标要求，这四个指标一般约束其中三个，另一个作为参考指标，如将平均推力偏差或平均比冲偏差作为参考指标。

（1）装药质量和结构质量偏差

固体发动机装药质量偏差主要由推进剂密度波动、浇注工艺偏差等产生，发动机结构质量偏差是由于各部组件加工精度造成的，一般采用正态分布描述。装药量偏差主要是受发动机规模的影响，以 a_{-b}^{b}（$b>0$）和 a_{-c}^{c}（$c>0$）描述的形式都很常见，实际装药量偏差均可以控制在较小的范围内。

（2）平均比冲偏差

比冲偏差受装药初温偏差、喷管喉径初始加工精度及其烧蚀速率、燃烧室和喷管工作效率的影响，目前弹道专业仿真分析时常采用正态分布。固体推进剂受温度影响较大，导致宽温域下发动机平均比冲偏差较大。

（3）平均推力和工作时间偏差

平均推力偏差由装药燃速偏差、装药初温偏差、装药质量偏差、喷管喉径初始加工精度和烧蚀、燃烧室和喷管工作效率造成。工作时间偏差影响因素同平均推力。

发动机平均推力计算模型如下：

$$P_c = \left(a \cdot \rho_g \cdot c^* \cdot \frac{A_b}{A_t} \right)^{\frac{1}{1-n}}$$

$$F = C_F \cdot P_c \cdot A_t$$

$$r = a_0 \cdot e^{\sigma_P (T - T_0)} \cdot P_c^n$$

$$a = a_0 \cdot e^{\sigma_P (T - T_0)}$$

式中　　P_c ——燃烧室压强；

　　　　F ——平均推力；

　　　　a_0 ——燃速系数；

　　　　σ_P ——温度敏感系数；

　　　　n ——压强指数；

　　　　ρ_g ——推进剂密度；

　　　　c^* ——特征速度；

　　　　A_b ——燃面面积；

　　　　A_t ——喉径。

从内弹道计算公式可以看出，发动机的推力偏差与温度偏差、燃速偏差、喉径偏差和装药量偏差四个因素有关，若知道这四个偏差的概率分布，就可根据概率分布和内弹道计算模型实时计算推力曲线。

（4）发动机质心偏差

发动机轴向和横向质心偏差由发动机各部件质量和质心偏差组成，取决于各部组件的加工精度，一般采用正态分布描述。从积累的型号数据的统计情况来看，各型号实际统计值均远小于任务书要求的理论值。

（5）推力线横移

推力线横移为发动机推力线与发动机轴线间的距离，是由喷管与燃烧室的总装精度造成的，一般用正态分布描述。

（6）推力线偏斜

推力线偏斜为发动机推力线与发动机轴线的夹角，是由喷管与燃烧室的总装精度造成的，一般用正态分布描述。早期的型号推力线偏斜比较大，目前各类固体发动机推力线偏斜均大幅小于指标要求。

3.2.3　气动专业

气动设计专业主要应用数值仿真、工程估算以及风洞试验等手段，给出火箭的气动参数。这些参数主要包括六分量气动特性、分布气动特性、铰链力矩系数、压力系数分布、燃气舵气动特性五类。气动数据的偏差带通常以 $|\Delta C| = a + \frac{b}{100} C$ 给出，其中 a 为常值量偏差，$b\%$ 为相对量偏差。

（1）六分量气动特性偏差

气动偏差主要考虑以下一些因素：

1）风洞试验偏差（含天平偏差、气流偏差、模型加工和安装偏差、风洞模拟雷诺数和飞行雷诺数差异等，目前行业无统一标准）；

2）理论预示方法偏差（网格划分、计算模型偏差，目前行业无统一标准）；

3）实际产品和计算模型外形偏差（含粗糙度、小型突起物、加工偏差等）；

4）来流状态对气动特性的影响。

六分量气动特性主要包括三通道气动力系数和气动力矩系数，一般认为是服从非标准正态分布，即中值出现的概率最大，而偏差越大，出现的概率越小。

在总体设计工作中，若气动外形复杂，计算得到的六分量气动特性偏差较大，考虑到控制系统的精细化设计，可以根据姿控专业反馈的设计特征点工况（飞行高度、飞行马赫数、飞行攻角和侧滑角、控制舵偏等），对该工况附近的气动数据进行精细化设计，并对偏差进行分档，从而降低气动特性参数的偏差范围。

由于精细化设计工作需要更多的仿真工况和更精细的网格，较为耗时耗力，因此该方法需要下游专业给出偏差的敏感度分析，针对不同影响量进行专项分析。比如轴向力系数对射程指标影响较大，则弹道专业可开展射程对不同马赫数下轴向力的敏感度分析，从而对影响最大的飞行工况进行精细化气动设计，降低偏差量。

（2）分布气动特性偏差

气动偏差考虑因素有以下几项：

1）风洞试验偏差（含天平偏差、气流偏差、模型加工和安装偏差等，目前行业无统一标准）；

2）理论预示方法偏差（网格划分、计算模型偏差，目前行业无统一标准）；

3）实际产品和计算模型外形偏差（含粗糙度、小型突起物、加工偏差等）。

其概率分布情况尚不清楚。

（3）铰链力矩系数偏差

铰链力矩系数偏差主要考虑因素有以下几项：

1）风洞试验偏差（含天平偏差、气流偏差、模型加工和安装偏差等，目前行业无统一标准）；

2）理论预示方法偏差（网格划分、计算模型偏差，目前行业无统一标准）；

3）计算状态舵偏干扰和实际飞行舵偏干扰不同带来的偏差。

其概率分布情况尚不清楚。

3.2.4　弹道专业

弹道专业本身并不直接产生偏差量，主要是根据各专业提供的输入完成弹道设计计算，其主要输入的偏差量见表 3-12。通过不同偏差量的组合计算，得到姿控专业用偏差弹道、分离专业用偏差弹道和载荷、防热专业用偏差弹道，供各专业开展工作。

表 3 - 12　弹道专业偏差量

序号	主要偏差项目
1	质量偏差
2	发动机性能偏差
3	火箭六分量气动特性偏差
4	风场
5	大气密度偏差
6	大气压强偏差
7	大气温度偏差

姿控专业和分离专业使用的偏差弹道主要是采用发动机高、低温性能偏差和总体质量偏差极限叠加生成的弹道。

载荷（防热）专业用偏差弹道，传统上采用各项极限偏差相叠加的方法进行载荷、防热弹道计算，也可采用各项偏差模拟打靶统计的方法挑选载荷、防热弹道。

载荷弹道通过弹道模拟打靶统计，按某一概率分别确定载荷特征量（包括横法向合成过载、轴向过载绝对值、含风动压合成攻角积、含风动压、飞行时间、冷壁热流积分量等）最大值对应的弹道。

防热偏差弹道计算采用蒙特卡洛打靶方法，针对质量偏差、发动机性能偏差、气动力系数偏差、大气密度偏差、投放高度偏差、投放速度偏差、投放时航迹偏航角偏差和风场进行模拟打靶。根据热环境专业提出的飞行时间、热流和总加热量等设计指标，在剔除部分异常弹道后，按某一概率要求分别确定上述指标最大值对应的弹道，作为防热弹道。

大气密度偏差可以通过影响轴向力系数偏差反映在弹道设计中，而不是直接对大气密度进行修正，即在轴向力系数偏差的基础上再考虑一定的修正。风场可以由弹道专业考虑，载荷专业不再单独施加风场。

虽然最终进行载荷（防热）偏差弹道计算时，采用的偏差量是发动机性能、结构质量、轴向力系数和大气密度偏差，但这是在模拟打靶基础上的一种概率逼近，可以认为这几项偏差代表了所有偏差量（质量偏差、发动机性能偏差、火箭六分量气动特性偏差、风场、大气密度偏差、大气压强偏差、大气温度偏差）的影响。而载荷上限顺风、载荷上限逆风状态对应的偏差弹道风场属于重复叠加。

3.2.5　载荷环境专业

载荷环境专业的直接偏差输入来自气动专业的分布气动特性偏差，其他偏差输入主要来自偏差弹道。载荷环境专业的主要输出如下。

（1）频率偏差

频率偏差有三方面来源：

1）试验误差；

2）结构及总装导致的散差；

3）模型修正误差（修正后的有限元模型与试验结果之间的差别）。

典型量级一阶：5%～10%，二阶以上：15%～25%。一般按照均匀分布处理。通过飞行试验惯组输出数据，可以进行飞行模态的离线或在线识别，最大限度降低试验条件、非线性、飞行环境等带来的对频率偏差的影响。

（2）运动方程式系数偏差

一般考虑四方面偏差来源：

1）气动偏差（包括分布法向力系数导数，燃气舵和空气舵控制力系数导数）；

2）模态振型偏差、振型斜率偏差、模态质量偏差；

3）发动机推力偏差；

4）弹道参数（动压、速度）偏差。

典型量级为25%，目前一般按照均匀分布处理。

（3）惯组安装处斜率偏差

一般考虑三方面偏差来源：

1）试验误差；

2）不同产品的结构和总装散差；

3）模型修正误差。

典型量级为25%～30%，目前一般按照均匀分布处理。

（4）阻尼比

火箭的阻尼主要是结构阻尼，来源于金属材料本身的内部摩擦及各部件连接界面之间的相对滑移，主要由材料内阻尼与滑移阻尼两部分组成。目前，模态阻尼比既无法进行理论计算，也不能通过试验直接测量，只能从试验获得的频响曲线上识别获得。

由于实际结构的阻尼特性十分复杂，且模态试验并不直接测量阻尼，而是采用参数识别的方法，因此在模态比较复杂（比如模态密集、纯度较低等）时，识别的误差比较大，甚至识别不出来。因此以往都是在振动特性与运动方程式系数文件按试验测量的最低阻尼比来提供数据。典型量级为0.7%～2.0%，一般按照均匀分布处理。

（5）风场

风场作为一项设计输入，其不确定性需要单独进行讨论。运载火箭设计同样要考虑高空风干扰对姿态稳定、飞行载荷和精度的影响。在姿控系统设计中，考虑平稳风和最大风切变；在载荷计算中除了这两项内容外，还要考虑阵风的影响；在制导精度分析中，则须考虑最大风和平均风切变。

风场设计的意义就在于运用数理统计理论，根据实测风数据设计出一种具有一定出现概率、适用于运载火箭研制所需的风场分布。它既是实测数据的反映，又不可能在一次实际飞行中全部复现；它既能保证火箭按照最危险条件设计，又不是无限保守的约束条件。

对于设计风场中给定的出现概率 P 为99%或95%，其具体含义是，火箭实际飞行时遇到的风速，小于或等于设计风速的概率（可能性）为 P，大于设计风速的概率（可能性）为 $(1-P)$。通俗地讲，按一个冬季有 90 天计算，概率 99％的设计风场表示一个冬季中有 0.9 天的实际风速可能超过设计风速，概率 95％的设计风场表示一个冬季中有 4.5 天的实际风速可能超过设计风速。

不同概率风场对载荷也有影响。火箭飞行时的横向载荷主要由两部分构成：静态载荷和动态载荷。静态载荷主要是火箭飞行中的刚体方程和控制方程所组成的闭路系统在外界干扰（主要是高空风干扰）作用下，引起的攻角和发动机摆角（或燃气舵偏转角）所产生的气动力载荷和操纵力载荷。这两项载荷占总的横向载荷的 70％～80％，是箭体横向载荷的主要构成部分。动态载荷主要考虑火箭飞行中的运动方程组（包括刚体、弹性和控制方程等）所组成的闭路系统在外界干扰激励下的动态响应，一般要考虑阵风引起的箭体弹性振动响应载荷。以某型号为例，为了比较不同概率高空风对载荷的影响，选择横向载荷最大时刻进行对比。取某设计风场，一级飞行动压最大时（速度约 670 m/s）的飞行高度约为 11 km，恰在 10～12 km 的大风区。此高度上概率 99％和概率 95％的平稳风分别为 69.6 m/s 和 64.0 m/s，引起的风攻角差在 10％以内；此高度上概率 99％和概率 95％的切变风分别为 16.0 m/s 和 15.4 m/s，引起的风攻角差在 4％以内。二者综合，概率 99％和概率 95％的高空风引起的攻角差应该在 15％左右，即设计风场的概率由 99％降为 95％，相应的箭体横向载荷可以降低 15％左右。

在运载火箭设计时，目前一般选用概率 95％的最大风和概率 99％的风切变，与国际做法相同。对于空中发射的运载火箭，由于载机平台可以在海上发射，所以在风场的选用上应该考虑当地风场模型。

按照运载火箭可能遭遇的"概率 95％的最大风和概率 99％的风切变"情况，同时结合沿飞行弹道的"八面来风"特性（即风可能来自各个方向，如可按照与发射系夹角分别是 0°、45°、90°、135°、180°、225°、270°、315°进行设计），风速可根据风场中的海拔高度进行插值。当风的方向与箭体轴线夹角为 270°或 90°时，设计工况最为恶劣，相当于叠加了一个大的风侧滑。在这种情况下，运载火箭的制导姿控设计应满足要求。

3.2.6　姿控专业

姿控总体专业主要是接收各专业的输入完成控制力分析、起飞漂移量计算以及频域设计等工作，各专业的偏差量影响将在姿控专业的设计中集中显现出来，因而也通常是型号设计中的难点和焦点。在姿控设计工作中，需要考虑的偏差量见表 3 - 13。

表 3 - 13　姿控专业输入偏差量

序号	偏差项目
1	质量偏差
2	质心轴向偏差
3	质心横移

续表

序号	偏差项目
4	转动惯量偏差
5	箭体附加攻角
6	翼面安装偏差
7	发动机性能偏差
8	推力线横移
9	推力线偏斜
10	姿控喷管推力偏差
11	火箭六分量气动特性
12	弹性频率偏差
13	振型斜率偏差
14	弹性运动方程式系数偏差
15	阻尼系数偏差
16	初始姿态、姿态角速度
17	大气密度偏差
18	风速(平稳风+切变风)+风向

表 3-14　姿控设计偏差使用示例

类别	来源专业	项目
姿控系统频域设计偏差使用方法	额定状态	各种偏差均取 0 控制增益取额定值
	上限状态	(1)总体偏差 1)质量偏差、转动惯量偏差取负偏差； 2)质心系数偏差取正偏差和负偏差分别进行计算； 3)大气密度偏差取负偏差。 (2)气动偏差 1)轴向力系数偏差取正偏差和负偏差分别进行计算； 2)气动力和力矩系数相对偏差取负偏差。 (3)弹性偏差 1)频率负偏差； 2)振型斜率正偏差； 3)弹性运动方程式系数正偏差。 (4)增益正偏差 (5)合成干扰力矩取正偏差和负偏差分别进行计算 (6)风向:0°,45°,90°,135°,180°,225°,270°,315°

续表

类别	来源专业	项目
姿控系统频域设计偏差使用方法	下限状态	(1)总体偏差 1)质量偏差、转动惯量偏差取正偏差; 2)质心系数偏差取正偏差和负偏差分别进行计算; 3)大气密度偏差取正偏差。 (2)气动偏差 1)轴向力系数偏差、取正偏差和负偏差分别进行计算; 2)气动力和力矩系数相对偏差取正偏差; 3)阻尼系数偏差取正偏差。 (3)弹性偏差 1)频率正偏差; 2)振型斜率正偏差; 3)弹性运动方程式系数正偏差。 (4)增益正偏差 (5)合成干扰力矩取正偏差和负偏差分别进行计算 (6)风向:0°,45°,90°,135°,180°,225°,270°,315°

由于各专业的偏差量最终都将对姿控设计产生影响,按目前的姿控设计规范,姿控设计必须包络所有偏差。表 3-14 是姿控设计时偏差使用示例。在实际情况下,各输入参数偏差均有一定分布概率,各偏差极恶劣工况同时出现的概率非常小。工程应用中,可以采取一些措施以减少保守的成分。比如各专业采用标准工况,而姿控专业根据标准工况设计后统一预留裕度,这种方法已取得了良好的效果。

3.2.7 分离专业

分离专业的工作主要是对火箭是否能够可靠分离进行设计,并计算得到分离后起控时刻的分离姿态和角速度,以方便姿控专业判断火箭是否可以稳定起控。分离专业主要输入偏差量见表 3-15。

表 3-15 分离专业设计主要输入偏差量

序号	偏差项目
1	质量偏差
2	转动惯量偏差
3	质心轴向偏差
4	质心横向偏差
5	分离点动压和马赫数
6	分离点姿态偏差
7	分离点攻角和侧滑角
8	六分量气动特性偏差
9	发动机推力特性曲线(下降段斜率)
10	发动机推力线偏斜

续表

序号	偏差项目
11	发动机推力线横移
12	反推火箭总冲偏差
13	平均推力偏差
14	反推火箭点火时间
15	反推火箭点火时间偏差
16	反推火箭推力线偏斜
17	分离解锁时间

分离专业设计主要包括分离时序设计、分离仿真分析以及分离后起控时刻姿态计算。

分离仿真主要考虑标称、分离最慢、分离最快、姿态最大等工况。分离标称工况不考虑各项偏差。分离最慢工况应考虑：

1）上面级质量、惯量取下偏差，下面级质量、惯量取上偏差；

2）上面级气动力系数取上偏差，下面级气动力系数取下偏差；

3）发动机后效低温下限，即后效最大情况；

4）分离点动压取弹道低温状态，与发动机状态保持一致；

5）初始姿态偏差取最小；

6）反推火箭推力和总冲取下偏差，响应时间取上偏差；

7）发动机推力线横移和偏斜取 0；

8）质心偏差取 0。

分离最快工况与分离最慢工况相反。

姿态最大工况的计算结果作为姿态起控时输入，考虑的偏差组合如下：

1）上面级惯量取下偏差；

2）动压取弹道高温状态；

3）气动系数偏差取最大；

4）初始攻角、侧滑角、初始姿态偏差进行极限组合；

5）质心偏差取最大；

6）分离解锁时间取下偏差。

文献 [1] 对级间分离过程进行了不确定性分析和建模，经过灵敏度分析，滤除次要的不确定性因素，选取主要不确定性因素为：反推发动机不同步时间、气动特性偏差、反推作用点、下面级残余推力和作用线等，给出了两体不发生碰撞的概率分析结果，为提高分离方案的可靠性提供了重要的支撑。

3.3　小子样问题和数据挖掘

由于规模、成本以及其他特殊性的制约，导致运载火箭很难进行大量重复的试验。相对其他系统来说，面临大量小样本数据的问题更为突出。如果将大样本条件下的建模分析方法生搬硬套地应用到此类情况，可能导致数据建模的结果不满足要求，甚至会导致误判。在挖掘使用自身有限的数据时，如何有效利用仿真试验、实物试验和半实物试验等不同源替代数据来进行辅助，从而挖掘出足够的有用信息，在统计学和工程应用上都是一个具有挑战性的课题。

3.3.1　正向问题与逆问题

在确定性问题中，我们会遇到几类问题。以典型系统的输入输出关系为例：

$$\begin{cases} \dot{x} = f(x(t), u(t)) \\ y = g(x(t), u(t)) \end{cases} \tag{3-1}$$

式中，$x = \{x_1, x_2, \cdots, x_n\}$ 是系统的 n 个状态；$u(t)$ 为控制输入变量；y 是系统的输出或响应量。

如果我们希望输出 y 满足某个要求，比如控制系统中的随动问题，要求输出 y 跟踪某个参考输入 $r(t)$，那么控制输入变量 $u(t)$ 应该如何选取？这是一个正向的设计问题。

如果已知 $x = \{x_1, x_2, \cdots, x_n\}$ 的特性，我们想研究输出 y 的特性或者它是如何随 $x = \{x_1, x_2, \cdots, x_n\}$ 的变化而变化的，那么这是一个正向传播分析的问题。

以上两类问题都是正向问题。

如果测量得到输出 y 的变化，我们希望通过输出 y 来研究系统状态 $x = \{x_1, x_2, \cdots, x_n\}$ 和控制输入 $u(t)$ 的特性，这是一个辨识问题，也是一个反向问题，即逆问题。

在不确定性的系统中，我们同样面临正向问题和逆问题，只是在不确定性的条件下，这几类问题的研究变得更为复杂。

在工程上，假设得到一系列输入 $x = \{x_1, x_2, \cdots, x_n\}$ 的采样值，那么我们可以通过统计学习的方法，得到 x 的统计特性和分布。通过不确定性的传播，在输入参数的概率分布已知情况下研究输出 y 的特性变化，这是一个正向分析问题，我们将在第 7 章中进一步讨论。

在输入参数子样缺乏的情况下，直接获取这些参数的概率分布是很困难的。一方面，我们可以通过各种数据源的信息，利用有限的数据进行样本建模，这是我们要在 3.3.2 节中讨论的内容。另一方面，我们也可以换个思路，即，虽然直接获取这些参数的信息有限，但获得在这些参数作用下的响应可能相对容易。于是，可以通过对这些因素影响下的其他变量变化特征进行观测，以此推断这些偏差因素的分布模型。该方法就是基于反问题的求解，也叫基于逆的非直接观测量偏差建模。例如，一个结构产品获得自然频率比直接获得材料的密度、刚度特性更容易，通过这些响应特性反过来推断输入参数的特性。同样的方法也可以用于载荷识别、热传导系数的确定、机械结构裂纹与缺陷的识别等。这方面的内容我们将在 3.3.3 节中进一步讨论。

工程不确定性正问题和逆问题的求解可以表述如下。

假设工程正问题的数学表达为

$$y = g(x, u) \tag{3-2}$$

与上式相对应的工程不确定反问题的数学表达为

$$x = g^{-1}(y, \hat{y}, u) \tag{3-3}$$

式中，$\hat{y}$ 为测量或给定的输出向量，通常是不确定的；g^{-1} 表示由正问题模型 g 计算得到的"逆"，利用相应的不确定性反求方法能够求解未知参数 x 的真实向量 $\hat{x}$ 及其置信程度。工程上，逆问题的求解难点在于 g^{-1} 的确定。绝大多数工程问题 g 的显性表达式都不一定存在，或者即使存在，也是多维非线性的。于是在求解 g^{-1} 时，可能会遇到病态的问题。

3.3.2 小样本数据建模

给定样本点集合，求解随机变量的分布密度函数的问题是概率统计学的基本问题。解决这一问题的方法可以采用参数估计和非参数估计。

参数估计中的一类为参数回归分析。参数回归分析是假定数据分布符合某种特定的形态，如满足线性函数或指数函数的条件，用回归方法按照一定的目标函数寻找特定的解，从而确定回归模型中的未知参数。另一种参数估计方法是用样本推断总体，需要假定数据样本可能的分布。我们在第 2 章介绍过，在正态分布的条件下，可以用 t 分布通过样本的均值推断总体的均值；通过 χ^2 分布，用样本的方差推断总体的方差；通过 F 分布，估计总体的方差比。抽样分布是进行参数估计和假设检验的基础。在上述条件满足的情况下，参数估计能以一定的置信度给出我们期望的结果。

在非正态总体分布的条件下，我们不确定小样本的均值服从什么分布，它取决于总体分布的情况。从运载火箭总体和各系统设计、仿真过程获得的数据子样，不同型号积累的地面实测数据和飞行试验数据，对于评估数据合理性、检验数据分布概率有重要参考价值。充分利用这些数据，分析研究设计、试验数据的分布规律和范围，可以为合理使用这些数据提供依据。

子样实测数据是来自母体的样本，反映了母体的部分特性。在数据有限的情形下，有可能分布的形态不够明显，或者不宜确定可能的分布，此时参数估计方法有可能不太有效，就需要用到非参数估计。如何利用已有的小子样样本最大程度地反映母体特性呢？我们将在本节讨论这方面的内容，重点介绍几种典型的方法，包括核密度估计、Bootstrap方法、贝叶斯方法（Baysian）和模型验证法。

3.3.2.1 核密度估计

核密度估计是一种非参数估计方法，它利用核函数对随机变量进行分布密度函数估计[2]。它的特点是，不利用有关数据分布的先验知识，对数据分布不附加任何假定，从数据样本本身出发对数据分布特征进行研究。

在非参数估计方法中，直方图技术是最为直观、简单的方法，但直方图很难给出精确的分布密度估计的结果。核密度估计的灵感来源于直方图。回忆一下在第 2 章中提到的故障率的例子。为了方便描述，我们把第 2 章中的例子进行一般化处理，将其直方图改造放大，如图 3-5 所示。直方图描述的是实测样本中落在每个区间点的实际个数或频率，由此可直观地看出每个区间的大致分布趋势。

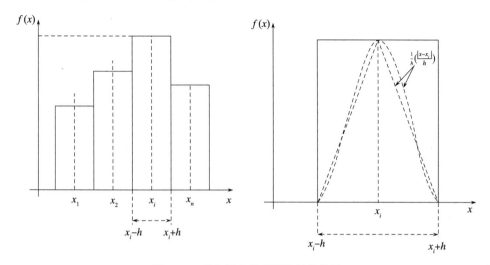

图 3 - 5　直方图和核密度估计的关系

图 3 - 5 中，横轴为输入变量 x，对应每一个特定的 x_i，其宽度为 $2h$，在这个区间内发生的次数为 Nx_i，则在这个特定点的概率密度为 $\dfrac{Nx_i}{2h \cdot N}$，N 为总的样本数。如果把所有的区间都考虑进来，$f(x)$ 的估计就可以记为

$$f(x) \approx \frac{1}{2h \cdot N} \sum_{i=1}^{N} Nx_i \tag{3-4}$$

式中，Nx_i 为在区间 $(x_i - h,\ x_i + h)$ 内发生的次数，若用指示函数 I 函数表述，可以记为

$$\begin{aligned} Nx_i &= I(x_i - h \leqslant x \leqslant x_i + h) \\ &= I(\mid x - x_i \mid \leqslant h) \\ &= I\left(\frac{\mid x - x_i \mid}{h} \leqslant 1\right) \end{aligned} \tag{3-5}$$

所以

$$\begin{aligned} f(x) &= \frac{1}{2h \cdot N} \sum_{i=1}^{N} I\left(\frac{\mid x - x_i \mid}{h} \leqslant 1\right) \\ &= \frac{1}{h \cdot N} \sum_{i=1}^{N} \frac{1}{2} I\left(\frac{\mid x - x_i \mid}{h} \leqslant 1\right) \end{aligned} \tag{3-6}$$

若记

$$\begin{aligned} k &= \frac{1}{2} I\left(\frac{\mid x - x_i \mid}{h} \leqslant 1\right) \\ &= k\left(\frac{\mid x - x_i \mid}{h}\right) \end{aligned} \tag{3-7}$$

于是，被估计的密度函数 $f(x)$ 就可以写成

$$f(x) \approx \frac{1}{hN} \sum_{i=1}^{N} k\left(\frac{|x - x_i|}{h}\right) \qquad (3-8)$$

数学上，$k\left(\frac{|x - x_i|}{h}\right)$ 称为核函数或基函数，在第 6 章中我们还会讨论到。

$k\left(\frac{|x - x_i|}{h}\right)$ 可以取很多种函数的形式，比如高斯径向基函数、三角基函数、均匀基函数等，图 3-5 右图所示就是高斯基和三角基函数。核函数要求满足对称、非负的要求，其他相应的一些性质和要求可以参考相关文献，这里不再赘述。

下面是几种常用的核函数：

1）均匀函数（Uniform）：$\frac{1}{2} I(|x| \leqslant 1)$；

2）三角函数（Triangle）：$(1 - |x|) I(|x| \leqslant 1)$；

3）Epanechikov 函数：$\frac{3}{4}(1 - x^2) I(|x| \leqslant 1)$；

4）四次函数（Quartic）：$\frac{15}{16}(1 - x^4) I(|x| \leqslant 1)$；

5）高斯函数（Gauss）：$\frac{1}{\sqrt{2\pi}} \exp\left(-\frac{1}{2} x^2\right)$；

6）余弦函数：$\frac{\pi}{4} \cos\left(\frac{\pi}{2} x\right) I(|x| \leqslant 1)$。

可以这么理解，通过把直方图的每个数据点 x_i 及其带宽 h 当做核函数的参数，得到 N 个核函数，再把这 N 个核函数叠加并归一化（即除以 $h \cdot N$），就构成了密度函数的估计函数。看到这里，我们或许会对前辈们的思想产生由衷的敬意！

影响核密度估计结果的因素有两个：一是样本本身，二是所选取的核函数 $k(\cdot)$ 和带宽 h。可以说，对任何统计方法，样本本身对统计结果都起着决定性作用。在给定样本后，核估计的精度则取决于 $k(\cdot)$ 及带宽 h 的选取是否适当。一般地，当 $k(\cdot)$ 固定时，带宽越大，估计的密度函数就越平滑，但同时带来的后果是 $f(x)$ 的某些特征被掩盖；带宽较小，估计的密度曲线和样本拟合度较好，但增大了方差，$f(x)$ 可能会有较大的波动。关于在实际使用中应如何确定核函数，文献［2］指出，当给定带宽系数时，不同核函数对估计误差的影响一般不大。而带宽 h 的选择与样本量 n 有关。为了密度函数估计的方便性和合理性，通常要求在样本量较大时，带宽 h 较小，反之，则带宽 h 应较大。另外，带宽 h 的确定还要考虑数据的密集程度，在数据密集区，带宽 h 选小一点；在数据比较稀疏的区域，带宽 h 可以选大一点。带宽 h 的具体确定方法有很多，感兴趣的读者可以参考相关的文献。

文献［3］将核密度估计方法用于飞机载荷谱的统计分析，改善了小子样数据的不足，取得了良好效果。

3.3.2.2　Bootstrap 方法

Bootstrap 方法是美国斯坦福大学 Eforn 教授提出的一种非参数统计推断方法。在讨论这个方法之前，我们有必要先做一下铺垫。

定义研究的总体为 S，其分布函数是 F（也叫理论分布），$x=\{x_1, x_2, \cdots, x_n\}$ 是从总体 S 中的 n 个抽样，θ 是我们关心的参数，其统计量可以表达为 $\theta=\theta\{x_1, x_2, \cdots, x_n\}$，因为它是样本的函数。由于总体和抽样的分布函数是一致的，所以可以借助数学模拟的方式进行抽样，根据抽样的结果，用第 2 章中学习的知识来估计参数 θ 的均值、方差等。具体的方式可以一次性抽出 n 个样本，然后进行估计，也可以用以下的方式：

1）从 S 中抽取 n 个随机样本；

2）计算在该样本下 θ 的统计量；

3）重复 1）和 2）的过程 B 次，得到 B 个 θ 的统计量数据；

4）计算这些 B 个 θ 的统计量数据的均值和方差。

为什么可以这样做呢，背后的依据是经典的大数定律，即当 B 趋于无穷大时，B 个 θ 的统计量均值会收敛到 θ 的真实均值，B 个 θ 的统计量方差会收敛到 θ 的真实方差。

不幸的是，要进行上面的模拟，我们需要知道总体 S 的分布函数 F 的信息，但在分布函数 F 未知的情况下怎么进行抽样呢？很自然地，我们会想到，如果不知道总体 S 的理论分布，那么，对总体分布函数 F 最好的猜测就是样本数据提供的经验分布。

在工程上，我们会面临不同类型的样本，只要有样本，就有不确定性。那么既然已知的样本是抽出来的（或已知的），那么何不从样本中再抽样呢？这样，可以像上面的例子一样，每一次抽样都可以求得一个相应的估计量，最后再统一看一下整个估计量的稳定性如何，这就是 Bootstrap 方法的基本思想，如图 3 - 6 所示。Bootstrap 方法不需要知道样本的真实分布形式，其核心是基于经验分布函数进行抽样，应用效果的好坏受经验分布函数的选取和样本大小的影响。该方法依赖于样本信息，实际上是一个基于样本再抽样的过程，可以在现有样本的基础上产生任意数量的数据样本，称为自助样本，这也就是该方法在小样本问题中得到应用的原因。

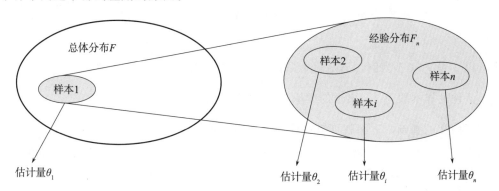

图 3 - 6　Bootstrap 方法的基本思想

下面看一下什么是经验分布函数。

设 $x_1, x_2, \cdots, x_i, x_n$ 是总体 S 的一组容量为 n 的样本观测值，假设已经将它们从小到大进行了排列，定义下面函数为经验分布函数

$$F_n(x) = \frac{1}{n} \sum_{i=1}^{n} I(x \leqslant x_i) \qquad (3-9)$$

其中，$I(x \leqslant x_i)$ 为指示函数，当 $x \leqslant x_i$ 成立时，$I(x \leqslant x_i)$ 为1，否则为0。

图 3-7 中实线是总体 P 的理论分布曲线 $F(x)$，虚折线代表经验分布函数 $F_n(x)$。只要 n 足够大，图 3-7 中的虚折线就会足够多，$F_n(x)$ 就逐步收敛于 $F(x)$。也就是说，当子样 n 足够大时，经验分布函数就是总体分布函数的良好近似。下面看一个例子来理解式（3-9）的含义。

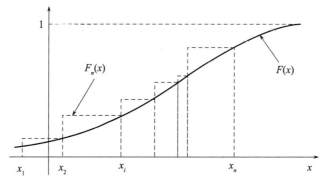

图 3-7 经验分布函数

设总体 S 有一组样本值 3，4，1，3，7，7，则经验分布函数的观测值为

$$F_n(x) = \begin{cases} 0 & x < 1 \\ \dfrac{1}{6} & 1 \leqslant x < 3 \\ \dfrac{3}{6} & 3 \leqslant x < 4 \\ \dfrac{4}{6} & 4 \leqslant x < 7 \\ 1 & x \geqslant 7 \end{cases} \qquad (3-10)$$

其中，以 $3 \leqslant x < 4$ 为例，满足这个条件的样本个数有 2 个，所以对照式（3-9），满足 $x \leqslant 3$ 条件的样本数为 3，出现的频率为 $\dfrac{3}{6}$，其他的以此类推。

有了前文的基础，下面就可以讨论如何使用 Bootstrap 方法了。

设 F 是未知的分布函数，$x = \{x_1, x_2, \cdots, x_n\}$ 是已知样本，$\theta = \theta(F)$ 是总体分布的某个（或某些）未知参数，为待求量。F_n 为抽样的经验分布函数，由样本 x 决定。Bootstrap 方法的具体算法如下：

1）构造样本的统计量 $\hat{\theta} = \hat{\theta}(F_n)$，比如，可用均值、方差等作为估计待求参数；

2）根据观测样本 $x = \{x_1, x_2, \cdots, x_n\}$ 构造经验分布函数 F_n；

3）从经验分布 F_n 中获得再生样本 $x = \{x_1, x_2, \cdots, x_n\}$；

4）再次构造样本的统计量 $\hat{\theta} = \hat{\theta}(F_n)$。

重复上述步骤 B 次，将得到 B 个 $\theta(F)$ 的估计值。把这 B 个估计值作为 $\theta(F)$ 的样本，就能作出 $\theta(F)$ 的抽样分布 $F^*(\theta)$，进而可由它对参数 θ 进行统计推断。更进一步，还可以给出统计量 $\hat{\theta} = \hat{\theta}(F_n)$ 的置信区间。这些具体的方法我们在第 2 章都讨论过，这里就不再赘述了。

3.3.2.3　贝叶斯方法

在贝叶斯统计推断中，待估计参数的信息通过一个概率密度函数来表征。虽然引入了概率密度函数，但这并不表示待估计参数是随机的，它仅表明，基于当前的知识水平，待估计参数是不确定的，而参数的不确定性可以近似利用概率密度函数来表征。

贝叶斯统计推断的核心是贝叶斯定理，贝叶斯定理可以通过搜集到的数据对已有信息进行更新。数学上，通过对式（1-17）的表达适当调整（本质意义一样，且大部分文献都是这么使用），形成的贝叶斯定理可以表示如下

$$P(\theta \mid x) = \frac{f(x \mid \theta)P(\theta)}{m(x)} \tag{3-11}$$

式中，$m(x) = \int f(x \mid \theta) \cdot P(\theta)\mathrm{d}\theta$，是数据的边缘密度函数；$P(\theta \mid x)$ 称为后验密度函数，也表示样本 x 条件下的密度函数，即条件概率密度；$P(\theta)$ 称为先验密度函数；$f(x \mid \theta)$ 是数据的抽样密度函数。

在进行贝叶斯推断前，有关待估计参数 θ 的信息相对较少，此时可以先假设 θ 的先验分布为均匀分布，也可以根据已有的部分信息确定 θ 的一个大致分布 $P(\theta)$。先验分布代表的是以前对待估参数的初始估计。关于确定先验分布的方法，文献 [4—8] 进行了比较研究。其中，在具体的方法分类上仍有一些争议，这里我们不做详细讨论。大致上，确定先验分布的方法可以分为无信息、有信息和有经验样本三种情况。有信息情况下先验分布的确定有直方图法、似然法、专家经验法、共轭分布法、最大熵法等；无信息情况下先验分布的确定有 Jeffreys 准则法；有样本情况下先验分布的确定有参数化或非参数化方法、最小熵法、经验函数法等。

在得到数据后，可以利用新的信息对先验分布进行更新。由于更新后待估参数的概率分布反映了在得到新的数据之后对待估参数的认识，所以称之为后验分布。与后验分布具有相同形式的先验分布称为共轭先验分布。在简单的问题中，选择共轭先验分布能够使得后验分布的计算更加简单。当然，不能仅仅因为计算简单就将先验分布限定为共轭先验分布。先验分布的选择直接影响贝叶斯推断方法的结果。在实际应用中，应尽可能地充分挖掘各种先验信息，查阅历史数据，听取专家意见等。

这里再简要介绍一下先验分布的最大熵法，从而呼应一下第 1 章中介绍的熵的概念。按照最大熵原理，在满足约束条件下的全部可能分布中，使信息熵达到极大值的分布，就是希望找到的分布。这是因为信息熵取得极大值时对应的分布出现的概率占绝对优势。正如我们所知，"事物总是在约束条件下争取或呈现最大的自由度"，这一原则使得熵自然而然地达到最大值。于是，由最大信息熵原理求"最佳"概率分布的问题，就转化成一个求

解条件极值的问题。常用的求解法是拉格朗日乘子法，也可以用其他的方法。文献 ［9］
给出了证明：

若随机变量 x 的概率密度函数为 $f(x)$，且 $f(x)$ 满足以下约束条件

$$\int f(x)\mathrm{d}x = 1 \tag{3-12}$$

$$\int u_i(x)f(x)\mathrm{d}x = M_i \quad i = 1,2,\cdots,m \tag{3-13}$$

其中，M_i 为常数，则 x 的最大熵分布的概率密度函数为

$$f(x) = \exp\left[\lambda_0 + \sum_{i=1}^{m}\lambda_i u_i(x)\right] \tag{3-14}$$

其中，λ_i 为拉格朗日乘子。

只要求得未知参数 λ_0，λ_1，λ_2，$\cdots$，λ_m，$f(x)$ 的表达式就可以完全确定了。文献
［9］给出了求解这些参数的非线性规划法、极大似然法和结构方程法。

下面讨论具体的贝叶斯方法。贝叶斯方法在小样本问题中的应用主要包括贝叶斯估计
及检验。与传统统计方法不同，贝叶斯方法不仅考虑总体信息和样本信息，还结合了一切
可利用的先验信息进行参数的统计推断，进而提高统计推断的质量。例如，在飞行试验数
据分析中，通过采用贝叶斯统计方法，可以充分地挖掘、利用先验信息。这些先验信息包
括之前在飞行试验中获得的数据、通过专家经验获得的信息，以及通过仿真试验获得的试
验信息等。

贝叶斯方法主要有以下几个步骤：

1）确定先验分布 $P(\theta)$。

2）计算样本的似然函数。设 $x = \{x_1, x_2, \cdots, x_n\}$ 是从总体中抽得的样本，则这组
样本的抽样概率密度函数为 $f(x \mid \theta)$，这个抽样密度函数综合了总体信息和样本信息，也
称为似然函数。

3）计算边缘密度函数 $m(x) = \int f(x \mid \theta) \cdot P(\theta)\mathrm{d}\theta$，并根据式（3-11）确定后验分
布 $P(\theta \mid x)$。

4）进行贝叶斯推断。后验分布集中了总体、样本和先验等三种信息中有关 θ 的信息。
在得到后验分布之后，就是如何合理地从后验分布中推断出待估参数 θ 的具体值。贝叶斯
统计推断包含估计和检验两个方面，估计问题包括点估计和区间估计。一般地，作为参数
θ 的点估计，可选用后验分布 $P(\theta \mid x)$ 的某个特征量，如众数、中位数、期望等，所以点
估计是应用后验分布最简单的推断形式。这些基本知识我们在第 2 章进行了简要介绍，这
里就不赘述了。

3.3.2.4　模型验证法

模型验证法是针对小子样问题研究的一个重要方向。其基本思想是利用系统建模与仿
真技术以及模型的校核、验证和确认（VV&A）技术，通过研制阶段大量的地面试验积
累数据，并运用这些数据逐步完善、校核、验证和确认系统的原型系统或仿真模型，在此

基础上，通过少量的实测数据来评估系统的性能。该方法的关键不是最终的统计推断方法，而是原型（仿真）系统模型的建立与确认，用数据建立验证模型，并基于模型进行试验和统计推断。

仿真模型作为实物模型的近似表征，与实物模型存在着一定的相似性。随着仿真技术的不断成熟，逐渐形成了一系列仿真模型验证方法，如假设检验法、频谱分析法和区间估计法等，为仿真模型验证奠定了技术基础。美国机械工程师协会（ASME）在 VV&A 的基础上，针对计算流体力学、计算固体力学和传热等制定了一系列关于仿真不确定度量化的规范和标准。美国国家航空航天局（NASA）与美国陆海空军 NASA 联席推进委员会（JANNAF）及其下属的建模和仿真附属委员会（MSS），围绕航空航天飞行器设计和核武器仿真试验等需求，连续多年合作开展了大量关于仿真不确定度量化的工作，在面向连续物理学仿真的可信度评估方面取得了一系列成果。

目前，该领域的研究主要集中在仿真模型验证及其方法改进，后续应同步开展仿真模型可信度及不确定度综合评估的研究。特别是在虚实一体的试验中，仿真试验和实物试验交织繁杂，数据来源多样，通过对仿真模型可信度和不确定度进行量化，有助于实现对模型客观、准确、全面的评估。

3.3.3　逆问题求解思路

为了简化问题，我们考虑如下情形

$$y = g(x) \tag{3-15}$$

则其逆问题为

$$x = g^{-1}(y) \tag{3-16}$$

为了求这个逆问题，通常需要假设式（3-15）中输入 x 服从某种概率分布且 θ 为该概率分布模型的参数（例如，正态分布时，θ 代表 x 的均值或方差）。于是，逆问题（3-16）可以表述为，若已知输出 y 的 n 个观测值为 $y = \{y_1, y_2, \cdots, y_n\}$，求输入 x 的概率分布情况，也就是求 θ 的最佳估计值 $\hat{\theta}$。

对于一个给定的 θ，输出响应 y 的概率密度函数 $f(y \mid \theta)$ 可以用概率不确定性分析方法近似得到（关于不确定性分析方法，我们将在第 7 章进一步讨论）。

求解 θ 的最佳估计值问题，有两种比较典型的方法，一个是最大似然估计法，另一个是贝叶斯推断法。

最大似然估计法在第 2 章已经介绍过。假设输出的观测值相互独立，则观测值的似然函数可表示为

$$L(\theta) = f(y_1, y_2, \cdots, y_n \mid \theta) = \prod_{i=1}^{n} f(y_i \mid \theta) \tag{3-17}$$

用对数似然函数更为容易处理一些，即

$$l(\theta) = \log L(\theta) = \sum_{i=1}^{n} \log f(y_i \mid \theta) \tag{3-18}$$

最佳估计 $\hat{\theta}$ 就是当 $L(\theta)$ 取最大时的 θ，称为最大似然估计。由于对数函数的单调性，令 $l(\theta)$ 取最大值同样可以得到 θ 的最大估计。

解这个问题需要用到优化方法的反复迭代，一般情况下，计算量是比较大的。两个效率比较高的方法是展开法（小扰动法）和蒙特卡洛仿真方法。

展开法（小扰动法）的基本思路是，将 $y = g(x)$ 在某一点展开，一般为 x 的均值点附近并取一阶项。由于展开后的线性关系，可以根据 x 的分布形式得到 y 的概率密度函数的估计形式 $f(y \mid \theta)$。注意，这里仅仅是知道分布形式，待估参数尚未知。将其代入式（3-18），此时得到的是一个关于 θ 的关系相对简单的函数，然后就可以采用第 2 章介绍的计算方法求解 θ 了。

蒙特卡洛方法要用到我们前面学习的核密度法。根据采用的样本参数，用核密度函数来近似 $f(y \mid \theta)$，同样要代回到式（3-18），之后的计算方法就和上面一致了。详细的计算步骤可以参见文献 [10]。

不同于最大似然估计法，贝叶斯推断法考虑了非直接观测量的先验信息，并且不需要对其分布形式进行假设，也比较适合解决逆问题。贝叶斯推断法详细的计算步骤可以参见文献 [11]。

参 考 文 献

［1］ 张海瑞. 飞行器总体不确定性分析与优化设计 ［M］. 北京：中国宇航出版社，2022.

［2］ ROSENBLATT, PARZEN. 非参数估计 ［M］. 北京：宇航出版社，1986.

［3］ 汤阿妮. 基于核密度估计算法的飞机载荷谱统计技术 ［J］. 北京航空航天大学学报，2011，37
（6）：654 - 657.

［4］ BERGER J O. Statistical Decision Theory and Bayesian Analysis ［M］. New York：Springer
Verlag，1985.

［5］ 茆诗松. 贝叶斯统计 ［M］. 北京：中国统计出版社，1999.

［6］ SAMUEL KOTZ，吴喜之. 现代贝叶斯统计学 ［M］. 北京：中国统计出版社，2000.

［7］ BERNARDO J M. Non - informative prior do not exist，a dialogue with Jose，M. Bernardo（with
comments）［J］. Journal of Statistical Planning and Inference，1997，65：159 - 189.

［8］ 李勇. 先验分布确定方法的分类研究 ［J］. 重庆工商大学学报（自然科学版），2008，25（6）：
579 - 580.

［9］ 李宪东. 基于最大熵原理的确定概率分布的方法研究 ［B］. 华北电力大学，2008.

［10］ JOSE R FONSECAA，MICHAEL I FRISWELLB，JOHN E MOTTERSHEADC，et al.
Uncertainty identification by the maximum likelihood method ［J］. Journal of Sound and Vibration，
2005（288）：587 - 599.

［11］ TARANTOLA A. Inverse problem theory and methods for model parameters estimation ［M］.
SIAM，2005，Philadelphia.

第 4 章　抽样设计

　　抽样设计是通过对样本的检查，来推断总体的全面情况。抽样是模型构建的基础之一，同时也是一种模型分析方法。抽样的结果直接关系到数据的合理性和充分性。抽样多了会浪费人力、物力和时间，抽样少了可能不具有代表性。如何抽样合理、足够且有代表性，就是抽样设计背后体现出的一种思想，一种解决上述问题的系统性方法。

4.1　基本概念

　　对研究对象进行调查或者试验时，虽然全面调查是最完善的，但是多数情况下没有必要这样做，而且有许多研究对象也不允许这么做，特别是有许多调查和试验是带有破坏性的，全面的调查和试验就更不可能了。比如，要检查一批火工品的性能，全面试验就意味着要把火工品全部点掉，这是没有意义的。因此，调查只能用"抽查一部分"进行试验的方法，数理统计中这样的方法就叫做抽样，抽出的部分叫做子样或者样本，被检查对象的全体相对样本来说就是总体或者母体。

　　以系统的数学模型为例

$$y = f(x) \tag{4-1}$$

其中，$x = \{x_1, x_2, \cdots, x_m\}$ 是系统的 m 个输入变量，也叫设计变量，在抽样设计中叫做设计因子；y 是系统的输出或响应量。抽样设计是一系列要做的试验，用因子（或设计变量）的不同水平来代表。每个设计因子在其可以取值的范围内，比如，x_i 的取值范围为 $[\underline{x_i}, \overline{x_i}]$，$\underline{x_i}$ 和 $\overline{x_i}$ 分别是 x_i 的上下限，$i = 1, 2, \cdots, m$，x_i 在 $[\underline{x_i}, \overline{x_i}]$ 内有 q_i 个可能的取值，则称 q_i 为水平。若对每个设计因子的所有水平进行组合，则有 n 个抽样，且 $n = \prod_{i=1}^{m} q_i$。若对每个抽样点都进行试验，我们称之为全因子试验。假设有 3 个设计变量，每个变量有两种可能性（即水平），那么组合起来就有 2^3 种情况。当 n 太大时，可从中抽取部分有代表性的点进行试验，这种方法称部分因子试验。全因子试验的优点是可得到全面信息，同时估计出主效应和各交互效应；缺点是随着因素个数或水平数的增大，试验次数呈指数增长，适用于 n 不大的情况。部分因子试验使我们能获得最主要的信息，可大大减少试验次数，但会丢失部分信息。

　　抽样设计的优点是，可以直接用样本的方法得到所研究系统的数学解，或者得到这个系统输出的概率信息，而这些解或信息用传统常规的方法往往不可能获得，或者工程上这个系统的解不能轻易获得。样本的质量决定了模型的性能，从而也决定了分析设计结果的正确性和可靠性。抽样设计和后面几章涉及的灵敏度分析、代理模型、不确定性分析和设计优化直接相关。比如，考虑不确定性后，计算量大幅增加。为了降低计算量，代理模型被部分用于取代这些计算模型。代理模型的性能在很大程度上取决于用于设计的样本性能，因此有效选择试验样本对代理模型的性能非常重要。

抽样样本有代表性，意味着样本中的个体应该在重要的特征上反映总体的状态，代表性的缺失会导致认识的偏差。一个良好的抽样设计应同时满足鲁棒性和均匀性的要求。如果一个抽样方案对于各种因子的不稳定变化不敏感，或者对于各种干扰具有抵抗能力，则这个方案具有鲁棒性。如果一个抽样方案能使得各抽样点按照一定的规律均匀地分布在需抽样范围内，则该方案具有均匀性。均匀性包括空间均匀性和投影均匀性要求。

当前的抽样设计大致分为两类：单一阶段的抽样（one - stage sampling）和序列抽样（sequential sampling）。前者主要包括正交设计、均匀设计、拉丁超立方设计等。后者可以分为基于空间的均匀性序列抽样（space - filling sequential sampling）和面向目标的序列抽样（objective oriented sequential sampling）[1]。

4.2　随机抽样试验

随机抽样方法也称为蒙特卡洛方法或打靶法，是一种统计模拟试验方法。其比较规范的定义是，以概率统计理论为指导，使用随机数（严格地讲是伪随机数）的一种数值计算方法。如 x 的取值范围为 $[a, b]$，a 和 b 分别为 x 的上下限，在 x 的取值范围 $[a, b]$ 内按照一定的分布规律随机取点，这个方法在现代的系统设计中常常被采用。

借参考文献［2］的例子，我们看一下蒙特卡洛方法是如何求定积分的，这样我们就能更好地理解这个方法了。图 4 - 1 是一个要在区间 $[a, b]$ 内求 $f(x)$ 的定积分。

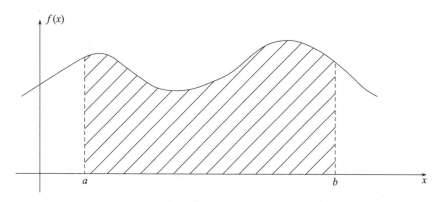

图 4 - 1　在区间 $[a, b]$ 内求 $f(x)$ 的定积分即为求阴影部分面积

当在区间 $[a, b]$ 内随机取一点 x 时，它对应的函数值就是 $f(x)$，然后就可以用 $(b - a) \cdot f(x)$ 来粗略估计曲线下方的面积，也就是我们期望的阴影部分的面积，即

$$I = \int_a^b f(x) \, \mathrm{d}x \tag{4 - 2}$$

当然，这个估计（或近似）的精度是非常差的。

图 4 - 2 中，我们在区间 $[a, b]$ 内做三次随机采样，得到三个样本 (x_1, x_2, x_3)，

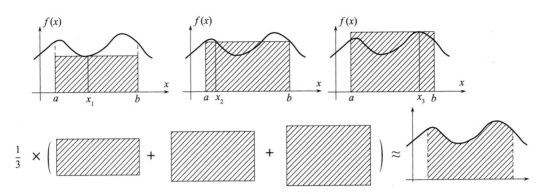

图 4 - 2　在区间 $[a, b]$ 内三次随机抽样求阴影部分面积

每一个样本对应的 $f(x)$ 分别为 $[f(x_1), f(x_2), f(x_3)]$，这样。对于每一个样本对，我们都能求得一个近似的面积 $(b - a) \cdot f(x_i)$，其蒙特卡洛积分为

$$S = \frac{1}{3}[(b - a) \cdot f(x_1) + (b - a) \cdot f(x_2) + (b - a) \cdot f(x_3)]$$

$$= \frac{1}{3}(b - a)[f(x_1) + f(x_2) + f(x_3)] \qquad (4 - 3)$$

$$= \frac{1}{3}(b - a)\sum_{i=1}^{3} f(x_i)$$

如果我们在区间 $[a, b]$ 内按照均匀分布取 n 个随机样本 x_i，并计算对应的 $f(x_i)$，按照下式即可得到对应积分的面积的近似值

$$S = \frac{1}{n}(b - a)\sum_{i=1}^{n} f(x_i) \qquad (4 - 4)$$

从随机抽样方法可以发展出重要性抽样。顾名思义，重要性抽样就是在我们关注的重点范围或区域内进行抽样。重要性抽样的基本原理是在保持原有样本期望值不变的情况下，改变随机变量的抽样重心，从而改变现有样本空间的概率分布，使其方差减小。这样，对最终结果贡献大的部分抽样出现的概率增加，抽取的样本点有更多的机会落在我们关注的区域，抽样点更有效，从而达到提高效率、减小方差的目的。所以，这种方法也叫方差减小法。

以结构可靠性分析为例，结构的失效概率通常都非常小。假如极限状态方程 $g(x)$ 是我们研究的仿真问题，极限状态方程的概率密度分布的尾部是特别需要关注的部分，为了能比较精确地预计失效的风险，同时提高仿真的效率，仿真抽样的点应该集中在分布函数尾部这一部分，而不是把抽样点均匀散布在整个分布的区域内。

设随机变量 x 的概率密度函数为 $f(x)$，则随机函数 $g(x)$ 的均值可以写成下式

$$E(g(x)) = \int g(x)f(x)\mathrm{d}x \qquad (4 - 5)$$

寻找另外一个概率分布函数 $h(x)$，将式（4 - 5）改写为

$$E(g(x)) = \int \frac{g(x)}{h(x)}f(x)h(x)\mathrm{d}x = \int g^*(x)h(x)\mathrm{d}x \qquad (4 - 6)$$

式（4-6）中构造出一个新的函数 $g^*(x)$，且 $g^*(x) = \dfrac{g(x)}{h(x)} f(x)$，这个新函数的期望值和原函数 $g(x)$ 的期望值完全相同，但是它们的方差不同，$g^*(x)$ 的方差为

$$V(g^*(x)) = \int (g^*(x) - E(g(x))^2 h(x) \mathrm{d}x \qquad (4-7)$$

我们可以称 $h(x)$ 为重要性抽样分布函数。当 $h(x)$ 取最优值时，会出现 $V(g^*(x)) = 0$。在这样的情况下，只需要进行一次抽样就可以完成估计。当然，这只是一种理想状态。但在实际计算中，只要能够合理选择重要性抽样分布函数，就能够尽可能地减小 $V(g^*(x))$，达到减小方差的目的。

4.3　正交试验设计

正交试验设计（orthogonal experimental design）是研究多因素、多水平的一种试验设计方法。它是根据正交性从试验因素中挑选出有代表性的点进行试验，是分式析因设计（fractional factorial design）的重要方法[3,4]。它采用水平组合均衡的原则，具有均匀分散、整齐可比的特点，效率很高。正交设计的要求是，对任一因素的诸水平做相同数目的试验；对任意两个因素的水平组合做相同数目的试验。第一个要求保证每个因素诸水平间的均衡性，第二个要求保证任意两个因素全部水平组合的均衡性，故正交性本质上是水平组合的均衡性。

在试验中，凡对试验指标可能产生影响的原因都称为因子，各因子在试验中所处的各种状态和所取的不同值，是该因素的水平。如果有 c 个因素，且每个因素的水平都为 b，则全因子试验（即不同因子各水平进行全面搭配试验）次数是 b^c，如果 c 和 b 较大，则试验次数急剧增加。

若所有因子的水平数相同，称为对称正交表，记为 $L_N(q^m)$，表示共有 N 行 m 列，N 行对应 N 次抽样，m 表示因子数，q 表示各因子对应的水平数。正交试验的次数可以由 $N = m \times q - m + 1$ 来确定。

例如 $L_9(3^4)$ 表示用该表最多可安排 4 个因子，每个因子有 3 个水平，总共做 9 次试验，其中 9 次试验的先后顺序应当随机决定，试验安排如图 4-3 所示。若对该情况进行全面试验，则共需 $3^4 = 81$ 次试验，因此正交设计可大大减少试验次数。

从图 4-3 中可以看到，典型的正交表有如下性质：

1）不同因素的不同水平的数字在每一列出现的次数是相等的；

2）任意两列中数字排列方式齐全且均衡。比如图 4-3 中，任意两列（同一行内）的有序数对共有 9 种，1-1，1-2，1-3，2-1，2-2，2-3，3-1，3-2，3-3，且每对出现的次数相等，通俗地说，每个因素的每个水平与另外一个因素的各水平各碰面一次，这也就是所谓的正交性。

正交表的设计有专门的方法，这里不去讨论。正交表不是唯一的，正交表中任意两行（列）互换所形成的新表仍然是正交表，且与原表是等价的；任意两行的互换体现的是试

试验	因子			
	A	B	C	D
1	A1	B1	C1	D1
2	A1	B2	C2	D2
3	A1	B3	C3	D3
4	A2	B1	C2	D3
5	A2	B2	C3	D1
6	A2	B3	C1	D2
7	A3	B1	C3	D2
8	A3	B2	C1	D3
9	A3	B3	C2	D1

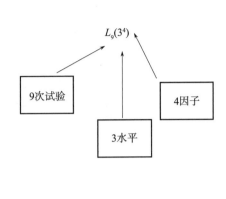

图 4-3　$L_9(3^4)$ 正交试验表

验的顺序可自由选择，任意两列的互换体现的是因子可自由安排在正交表的各列上。

运载火箭姿控系统设计中常有上下极限偏差两个水平的工况，如：

1）气动力矩系数 C_{mx}，C_{my}，C_{mz} 正负偏差，3 个因子，各两个水平；

2）气动力系数 C_x，C_y，C_z 正负偏差，3 个因子，各两个水平；

3）控制增益 a_0^φ，a_0^ψ，a_0^γ 正负偏差，3 个因子，各两个水平；

4）惯组：单机指标特性或者实测特性拟合得到的上下限频域模型，1 个因子，两个水平；

5）伺服机构：单机指标特性或者实测特性拟合得到的上下限频域模型，1 个因子，两个水平；

6）箭体质量特性中，质量 m_0 的正负偏差，转动惯量 J_x，J_y，J_z 正负偏差，4 个因子，各两个水平；

7）大气密度 ρ 正负偏差，1 个因子，两个水平；

8）发动机高低温状态下的内弹道数据，1 个因子，两个水平；

9）质心前后移偏差。质心前移为负偏差，质心后移为正偏差，1 个因子，两个水平；

10）结构干扰，包括气动绝对偏差、发动机推力线横移、发动机推力线偏斜、质心随机横移、轴线安装偏差等。

工程上，往往会根据工程经验对上述状态进行简化。比如，将发动机内弹道与气动轴向力系数绑定，即高温弹道时气动轴向力取负偏差；低温弹道时气动轴向力取正偏差。即使这样，仍有十几个设计因子，每个因子 2 个极限工况，从抽样设计的角度看，全因子试验的代价也是惊人的，根本无法接受，工程上也没有必要。如果用正交设计，试验次数就可以极大地降低。

如果各因子的水平不等，则需要采用混合型正交表。对于各因子的水平数不等的正交试验设计，常用的方法有混合正交表法和拟水平法。

用混合正交表设计试验，比如 $L_8(4^1 \times 2^4)$，表示有一个因子 A 是 4 个水平，有四个因子 B、C、D、E 分别是 2 个水平，一共需要的试验次数是 $n = 4 + 4 \times 2 - 5 + 1 = 8$，具体的试验安排见表 4-1。

用拟水平法设计试验时，假设因子 A、B、C 分别有 3 个水平，因子 D 只有 2 个水平，则对因子 D 增加 1 个虚拟水平，使其在形式上也有 3 个水平；虚拟的水平从已有水平中选，实际上 D 还是 2 个水平，只不过虚拟以后就可以用对称正交表设计试验了。

表 4-1　$L_8(4^1 \times 2^4)$ 正交试验表

试验	因子				
	A	B	C	D	E
1	A1	B1	C1	D1	E1
2	A1	B2	C2	D2	E2
3	A2	B1	C1	D2	E2
4	A2	B2	C2	D1	E1
5	A3	B1	C2	D1	E2
6	A3	B2	C1	D2	E1
7	A4	B1	C2	D2	E1
8	A4	B2	C1	D1	E2

以上是各因子间无交互作用的情形，也就是各因子间相互独立。在因子间有交互作用的情况下，尤其是水平数较多时，考虑因子的交互作用将使试验的自由度显著增加。利用正交表设计试验时，将面临无法满足同时减少混杂现象和减少试验次数的风险。如果试验次数过少，将导致严重的混杂现象；而如果为了避免混杂现象，又将使试验次数显著增加，以致无法接受。因此在正交设计中，考虑有交互作用的情况下，多采用二水平试验。有兴趣的读者可以进一步学习参考文献 [3，4]。

4.4　均匀试验设计

抽样方法的本质是在设计空间内填充试验点，这种设计也称为空间填充设计（space filling design）。通常，一个好的设计都希望所抽取的点能对输出变量的均值提供一个无偏估计，且方差越小越好。完全的随机抽样虽然可保证无偏设计，且方差也较小，但是效率比较低。为了提高效率，同时保证无偏估计并进一步减小方差，人们开发出众多的抽样方法，如均匀设计、重要度抽样、拉丁超立方抽样等。

具体到均匀设计，其背后的基础是"总均值模型"，即抽样点得到的输出变量的总均值与实际总均值的偏差最小，依据的是数论中著名的 Koksma-Hlawka 不等式

$$|E(y) - \overline{y}| \leqslant D^*(\wp)V(f) \qquad (4-8)$$

这个思想不难理解。式（4-8）中，$E(y)$ 是总均值，$\overline{y}$ 是估计的均值，D^* 是散布均匀度的

测度，$\wp$ 为设计选取的点集，V 为函数 f 的变差。显然 D^* 越小越好。因此，欲使得计算误差最小，就要选取合适的 $\wp$，使得 D^* 达到最小。而当 $\wp$ 是一个均匀散布的点集时，满足 D^* 最小的条件。

文献 [5] 比较了 4 个因子 3 个水平的均匀设计表 $UL_9(3^4)$ 和正交设计表 $L_9(3^4)$，认为一切正交表都是一定均匀性测度下的均匀设计是不对的，只是在一些特殊情况下上述论断才成立。相比之下，均匀设计能进一步减少混杂。

4.5　拉丁超立方设计

拉丁超立方抽样（Latin Hypercube Sampling，LHS）是一种多维分层抽样方法。使用拉丁超立方抽样时，在由 n 个因子形成的 n 维空间中，将每一维坐标区间均匀地等分为 m 个区间。进行抽样时，随机选择 m 个点，对每一个因子的每一水平值只抽取一次，构成 n 维空间，从而保证抽样的均匀性，如图 4 - 4（a）所示。

最优拉丁超立方抽样是改进的拉丁超立方抽样，即通过一些准则对拉丁超立方抽样设计进行筛选，从而得到满足准则的最优拉丁超立方抽样设计，如图 4 - 4（b）所示。这些准则中，有最小最大距离、总均方差、最大熵等判据。比如，最小最大距离准则，是使得所有抽样样本中两两之间的最小距离最大化，从而获得具有空间均匀性的抽样设计。

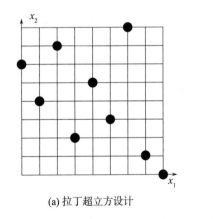
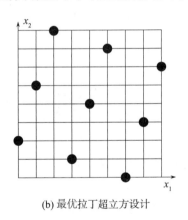

(a) 拉丁超立方设计　　　　　　　　　　　　(b) 最优拉丁超立方设计

图 4 - 4　拉丁超立方设计与最优拉丁超立方设计

4.6　小结

在工程中，很多研究工作都是以经验为基础的，基于统计的抽样设计能够大大提高效率。因此，如果设计人员精通专业，了解设计问题及设计因子和响应之间的关系，在选择设计因子、确定因子水平、决定试验次数、解析分析结果方面是极其有价值的。仅仅单纯地使用抽样设计无法完全涵盖这些应该考虑的因素。同时，如何使设计和分析尽可能简单是设计人员应该特别关注的，而不要热衷于使用过于精致的统计方法，要能够"区分实际的显著性和统计的显著性"。也就是说，统计的显著性有可能并不实用。例如，尽管可靠性提高 1% 看似显著，但若为此大幅度提高成本就得不偿失了。

设计是迭代的过程。随着设计的深入，对问题的理解也不断深化。这也体现出迭代方法或序贯方法的优越性。上面介绍了一些基本的抽样设计方法，从最优控制的角度讲，这些单一阶段抽样，实际上是一个开环的回路，未运用到已有的样本或代理模型的信息，其所有的样本是一次性产生的，可能导致抽样不合理，或导致模型的精度降低。而在探索未知的过程中，往往需经过多次反复试验，才能达到预期目的。

序贯抽样设计就是一种边试验、边统计的方法，通俗来说就是"边走边看"，"摸着石头过河"。在设计中，我们常常遇到优化方向难以预先确定的情况，这时候就需要根据上一步的结果，以一定的最优试验设计标准来确定下一步抽样的策略。按照抽样因子计入试验的次序，每得到一个阶段的试验结果，就进行一次统计分析，一旦得出满足要求的结论，就可以停止试验。否则，应根据当前具体情况继续试验，至到满足要求为止。这样的方法看起来似乎更有灵活性。

序贯抽样设计本质上是一个建模方法，它首先根据一组数量较少的初始样本点构造近似或代理模型，再根据一定的策略增加新的样本点并更新模型，重复上述步骤直到满足条件为止。该方法可以在样本点数和近似模型精度之间进行合理权衡。这也就是有些文献把这部分内容放在抽样设计中，有些则把它归为模型近似或代理的原因。本书对这部分内容不进行深入讨论，感兴趣的读者可以参考文献 [6，7]。

参 考 文 献

［1］ 熊芬芬. 不确定条件下的层次系统多学科设计优化研究［D］. 北京理工大学，2009.

［2］ http：//zh. wikipedia. org/wiki/蒙特卡洛方法.

［3］ DOUGLAS C MONTGOMERY. 实验设计与分析［M］. 北京：人民邮电出版社，2009.

［4］ 中科院数理组. 正交试验方法［M］. 北京：科学出版社，1983.

［5］ 方开泰. 均匀实验设计的理论、方法和应用——历史回顾［J］. 数理统计与管理，2004，23（3）：69－80.

［6］ 陈小前，姚雯，欧阳琦. 飞行器不确定性多学科设计优化理论与应用［M］. 北京：科学出版社，2013.

［7］ JIN R，CHEN W，SUDJIANTO A. On sequential Sampling for global metamodeling in engineering design［C］. ASME 2002 Design Engineering Technical Conferences and Computers and information in Engineering Conference，29 September－2 October，2002，Montreal，Canada.

第 5 章　灵敏度分析

系统设计输入的变化对系统输出或性能影响的逐项量化判断，是灵敏度分析的主要内容。通过对输入不确定性因素及其变化对输出影响的重要性进行排序，厘清主要矛盾或矛盾的主要方面，进而确定系统设计分析和优化的关键核心参数，滤除非关键、非重要参数，从而尽可能简化系统的复杂性。

本章重点针对有概率特征的不确定性，介绍常用的灵敏度分析的概念和方法。本章不涉及证据理论、可能性理论、模糊集理论、区间分析等的灵敏度分析问题，感兴趣的读者可以根据需要对此部分内容进一步深入研究探索。

5.1　微分法

灵敏度分析是研究每一个不确定性输入对输出变化的贡献。在运载火箭的设计中，广泛使用到偏导数的概念就体现了灵敏度分析的思想。表 5-1 是某火箭的一些典型偏导数，体现了装药量、结构质量、气动力系数等各单项因素对射程的影响。

表 5-1　某火箭典型偏导数示例

偏差项	变化	发射条件 1 下的射程	发射条件 2 下的射程
装药量	$+10$ kg	$+25$ km	$+25$ km
结构质量	-10 kg	$+15$ km	$+20$ km
轴向力系数	-10%	$+50$ km	$+50$ km
法向力系数	$+10\%$	$+13$ km	$+35$ km
落速	$+0.1Ma$	-20 km	-11 km
比冲	$+1$ s	$+4$ km	$+2.2$ km

在数学上也有一个对应的概念。如对于输入输出的函数 $y=f(x(t)，t)$，假设 t 不仅代表时间，而是一个泛指的自变量，那么当 t 变化时，对 y 的影响可以表达为

$$\frac{\mathrm{d}y}{\mathrm{d}t}=\frac{\partial f}{\partial t}+\frac{\partial f}{\partial x}\frac{\mathrm{d}x}{\mathrm{d}t} \tag{5-1}$$

上式是没有考虑约束时的情况，如果考虑约束条件 $R(x(t)，t)=0$，则有

$$\frac{\partial R}{\partial t}+\frac{\partial R}{\partial x}\frac{\mathrm{d}x}{\mathrm{d}t}=0 \tag{5-2}$$

将方程（5-1）和（5-2）联立求解，便可以得到 y 对 t 的灵敏度，即 $\dfrac{\mathrm{d}y}{\mathrm{d}t}$。在多变量情况下，也是一样的。对于上面式中的各导数求解，可以用手工微分方法（Manual

Differentiation Method，MDM) 或计算机自动微分方法（Symbolic Differentiation Method，SDM)。

工程上，很多情况下无法进行偏导数精确求导，可以用有限差分法进行近似，如

$$\frac{\mathrm{d}y}{\mathrm{d}t} \approx \frac{f(t+h)-f(t)}{h} \tag{5-3}$$

$$\frac{\mathrm{d}y}{\mathrm{d}t} \approx \frac{f(t)-f(t-h)}{h} \tag{5-4}$$

$$\frac{\mathrm{d}y}{\mathrm{d}t} \approx \frac{f(t+h)-f(t-h)}{2h} \tag{5-5}$$

式（5-3）、式（5-4）和式（5-5）分别为前向差分、后向差分和中心差分，当然还可以用泰勒级数展开的方式，获得更高阶的有限差分计算公式。

这个思路可以扩展到复变量方法[1]。将 $f(x)$ 在点 x 处展开，步长为虚数 ih，可得到

$$f(x+ih)=f(x)+ih\frac{\mathrm{d}f}{\mathrm{d}x}-\frac{h^2}{2!}\cdot\frac{\mathrm{d}^2f}{\mathrm{d}x^2}-\frac{ih^3}{3!}\cdot\frac{\mathrm{d}^3f}{\mathrm{d}x^3}+\frac{h^4}{4!}\cdot\frac{\mathrm{d}^4f}{\mathrm{d}x^4}+\cdots \tag{5-6}$$

式（5-6）中，两边均为复数，实数部分和虚数部分应分别相等，这样就给出

$$\mathrm{Im}[f(x+ih)]=h\frac{\mathrm{d}f}{\mathrm{d}x}-\frac{h^3}{3!}\cdot\frac{\mathrm{d}^3f}{\mathrm{d}x^3}+\vartheta(h^5) \tag{5-7}$$

$$\mathrm{Re}[f(x+ih)]=f(x)-\frac{h^2}{2!}\cdot\frac{\mathrm{d}^2f}{\mathrm{d}x^2}+\vartheta(h^4) \tag{5-8}$$

于是，可以得到一阶和二阶导数分别为

$$\frac{\mathrm{d}f}{\mathrm{d}x}=\frac{\mathrm{Im}[f(x+ih)]}{h}+\frac{h^2}{3!}\cdot\frac{\mathrm{d}^3f}{\mathrm{d}x^3}-\vartheta(h^5)\approx\frac{\mathrm{Im}[f(x+ih)]}{h}+\vartheta(h^2) \tag{5-9}$$

$$\frac{\mathrm{d}^2f}{\mathrm{d}x^2}=\frac{2f(x)-2\mathrm{Re}[f(x+ih)]}{h^2}+\frac{2\vartheta(h^4)}{h^2}\approx\frac{2f(x)-2\mathrm{Re}[f(x+ih)]}{h^2}+\vartheta(h^2)$$

$$\tag{5-10}$$

上述复变量方法最显著的优点是，不需要进行两个函数的相减运算，因而可以避免引入误差。文献 [2] 在分析翼面气动系数对马赫数和攻角的灵敏度时就利用了这个优点。表 5-2 和表 5-3 给出了有限差分方法和复变量法分析结果的比较，得到了非常满意的结果。

表 5-2　气动系数对马赫数的导数[2]

	$\dfrac{\partial c_l}{\partial Ma}$	$\dfrac{\partial c_d}{\partial Ma}$	$\dfrac{\partial c_m}{\partial Ma}$
有限差分步长 $h=0.001$	0.65	1.16	−2.59
有限差分步长 $h=0.0001$	0.3795	1.1099	−2.4101
复变量法	0.3468	1.1041	−2.3887

表 5 - 3 气动系数对攻角的导数[2]

	$\dfrac{\partial c_l}{\partial \alpha}$	$\dfrac{\partial c_d}{\partial \alpha}$	$\dfrac{\partial c_m}{\partial \alpha}$
有限差分步长 $h = 0.000\ 1$	0.099 3	0.034 25	−0.039 6
复变量法	0.099 28	0.034 21	−0.039 58

5.2 蒙特卡洛抽样法

基于蒙特卡洛抽样的灵敏度分析,其实是一大类分析方法,其中又可以细分为许多具体的方法,文献 [3] 比较系统地介绍了此类灵敏度分析的主要方法。在本章后面的几节中,我们将讨论一些典型的基于蒙特卡洛抽样的灵敏度分析方法。

基于蒙特卡洛抽样的灵敏度分析方法有如下几个步骤:

1) 根据输入参数的分布类型(如正态分布、对数分布、均匀分布等),以及相关参数的典型特征(如最大值、最小值、均值等),确定输入参数的分布模型。确定的方法在第 2 章中已经介绍了。当模型的信息比较缺乏时,初步分析时可以暂用均匀分布模型替代。以某火箭典型参数为例,其分布模型见表 5 - 4。

表 5 - 4 某火箭典型参数的概率分布模型

偏差项	统计特征
装药量变化	均值 0,标准差 10 kg,正态分布
结构质量变化	均值 0,标准差 10 kg,正态分布
轴向力系数变化	均值 0,标准差 10%,正态分布
法向力系数变化	均值 0,标准差 7%,正态分布
落速变化	均值 0,标准差 100 m/s,正态分布
比冲变化	均值 0,标准差 1 s,正态分布

2) 抽样生成输入参数的样本。根据各输入参数的分布模型,采用抽样的方法生成 N 个输入参数的样本。随机抽样的方法最简单,也可以根据需要采用一些效率更高的方法。这些方法在第 4 章介绍过。图 5 - 1 左列是对应某火箭六个典型参数 500 次抽样的结果。

3) 建立输入输出关系的映射表征。根据上面的映射关系,可以看出每一个参数对输出射程的影响。图 5 - 1 右列对应火箭六个典型参数和射程之间的对应关系散点图。对于更复杂的情况,本章后面还会介绍其他一些方法。

4) 确定最终的分析结果。

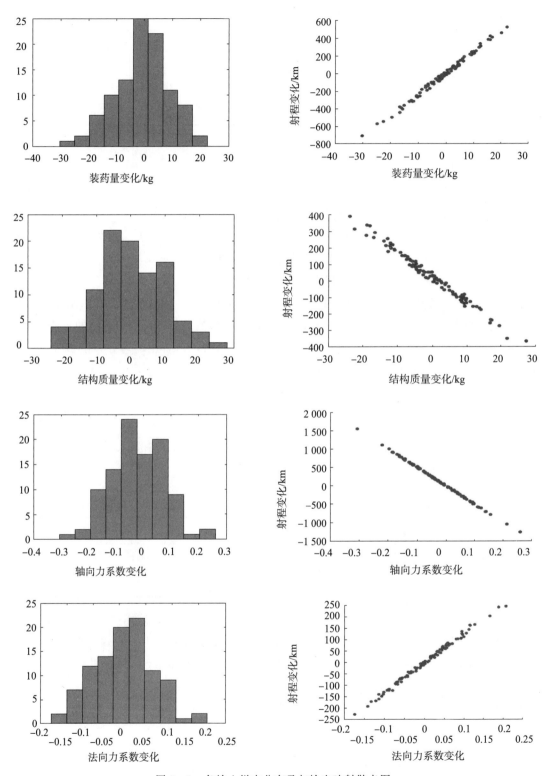

图 5-1　各输入样本分布及与输出映射散点图

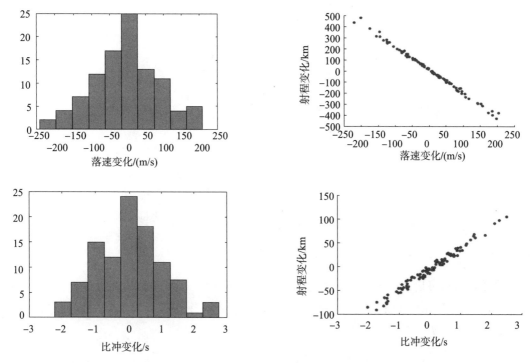

图 5-1　各输入样本分布及与输出映射散点图（续）

5.3　相关性分析

对于映射关系 $y = f(x)$，我们知道，当 x 变化时，y 也随之变化，我们称其为相关。当 x 变化时，如果 y 变化很大或很小，那么，其相关性（Correlation）如何度量呢？

以三个自变量为例，$x = \{x_1, x_2, x_3\}$，$y = f(x_1, x_2, x_3)$，进行了 m 次的抽样，可以得到 m 组抽样数据，即

$$\{y_1, x_{11}, x_{21}, x_{31}\}$$
$$\{y_2, x_{12}, x_{22}, x_{32}\}$$
$$\cdots$$
$$\{y_m, x_{1m}, x_{2m}, x_{3m}\} \tag{5-11}$$

按照 Pearson 的定义，x_1 和 y 的相关系数（Correlation Coefficient，CC）可以表示为

$$c(x_1, y) = \frac{\sum_{j=1}^{m}(x_{1j} - \overline{x}_1)(y_j - \overline{y})}{\sqrt{\sum_{j=1}^{m}(x_{1j} - \overline{x}_1)^2}\sqrt{\sum_{j=1}^{m}(y_j - \overline{y})^2}} \tag{5-12}$$

其中，$\overline{x}_1 = \dfrac{1}{m}\sum_{j=1}^{m}x_{1j}$ 是输入元素 x_1 的样本均值；$\overline{y} = \dfrac{1}{m}\sum_{j=1}^{m}y_j$ 是输出 y 的样本均值。

同理，x_2 和 y 的 Pearson 相关系数可以表示为

$$c(x_2,y) = \frac{\sum\limits_{j=1}^{m}(x_{2j}-\overline{x}_2)(y_j-\overline{y})}{\sqrt{\sum\limits_{j=1}^{m}(x_{2j}-\overline{x}_2)^2}\sqrt{\sum\limits_{j=1}^{m}(y_j-\overline{y})^2}} \tag{5-13}$$

其中，$\overline{x}_2 = \dfrac{1}{m}\sum\limits_{j=1}^{m}x_{2j}$ 是输入元素 x_2 的样本均值。

x_3 和 y 的 Pearson 相关系数可以表示为

$$c(x_3,y) = \frac{\sum\limits_{j=1}^{m}(x_{3j}-\overline{x}_3)(y_j-\overline{y})}{\sqrt{\sum\limits_{j=1}^{m}(x_{3j}-\overline{x}_3)^2}\sqrt{\sum\limits_{j=1}^{m}(y_j-\overline{y})^2}} \tag{5-14}$$

其中，$\overline{x}_3 = \dfrac{1}{m}\sum\limits_{j=1}^{m}x_{3j}$ 是输入元素 x_1 的样本均值。

同样，我们可以进一步推广到 n 个输入变量的情形，当 x 是系统的输入 $x=\{x_1,x_2,\cdots,x_n\}$ 时，$y=f(x_1,x_2,\cdots,x_n)$，其中任意一个输入元素 x_i 与 y 的 Pearson 相关系数可以表达为

$$c(x_i,y) = \frac{\sum\limits_{j=1}^{m}(x_{ij}-\overline{x}_i)(y_j-\overline{y})}{\sqrt{\sum\limits_{j=1}^{m}(x_{ij}-\overline{x}_i)^2}\sqrt{\sum\limits_{j=1}^{m}(y_j-\overline{y})^2}} \tag{5-15}$$

其中，$\overline{x}_i = \dfrac{1}{m}\sum\limits_{j=1}^{m}x_{ij}$ 是输入元素 x 的样本均值，$\overline{y}=\dfrac{1}{m}\sum\limits_{i=1}^{m}y$ 是输出 y 的样本均值。

相关系数 $c(x,y)$ 的取值在 -1 和 1 之间变化（至于为什么是这样，我们后面再讨论）。当 $c(x,y)$ 在 0 和 1 之间变化时，表明 x 的变化和 y 的变化是同向的，即正相关，且 $c(x,y)$ 的值越接近 1，表明 x 和 y 线性关系越强；相关性 $c(x,y)$ 的值在 -1 和 0 之间变化时，表明 x 的变化和 y 的变化是反向的，即负相关，且 $c(x,y)$ 的值越接近 -1，表明 x 和 y 线性关系越强；当 $c(x,y)$ 为 0 时，仅仅表明 x 和 y 之间不存在线性相关性，但并不意味着 x 和 y 之间没有良好的非线性关系。以上的表述如图 5-2 所示。

相关系数是协方差除以输入和输出各自标准差的乘积。分子实际上代表协方差，分母是标准差，用于归一化，消除量纲或变化幅度的影响。标准差体现一组数据内部的偏离程度，也可以理解为变化幅度。

但是这样理解还不深刻。为什么这样的定义可以表达变量之间的相关性呢？其实这里面包含一个距离测度的概念。距离测度在本书第 5.9 节还要涉及，这里就不展开讨论了。我们从两个向量的点积（或内积）的角度出发，加深对相关系数定义的理解。

两个向量 $\vec{a}=(a_1,a_2)$，$\vec{b}=(b_1,b_2)$。

二者的点积为 $\vec{a}\cdot\vec{b}=a_1b_1+a_2b_2=\sum\limits_{i=1}^{2}a_ib_i$，同时

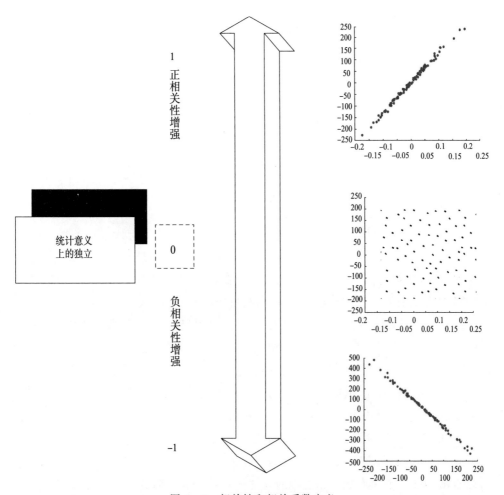

图 5 - 2　相关性和相关系数定义

$$\vec{a} \cdot \vec{b} = |\vec{a}||\vec{b}|\cos(\vec{a}, \vec{b}), \quad \text{其中}, \quad |\vec{a}| = \sqrt{\sum_{i=1}^{2} a_i^2}, \quad |\vec{b}| = \sqrt{\sum_{i=1}^{2} b_i^2}$$

为简单起见，我们看输入、输出均为单个变量的情形。按照上述定义，输入 x 和输出 y 的相关系数可以定义为

$$c(x, y) = \frac{\sum_{i=1}^{n}(x_i - \overline{x})(y_i - \overline{y})}{\sqrt{\sum_{i=1}^{n}(x_i - \overline{x})^2}\sqrt{\sum_{i=1}^{n}(y_j - \overline{y})^2}} \tag{5-16}$$

式中，x_i 和 y_i 分别是 x 和 y 的第 i 个样本；n 是总的样本数。

设两个向量

$$\vec{x} = (x_1 - \overline{x}, x_2 - \overline{x}, \cdots, x_n - \overline{x})$$
$$\vec{y} = (y_1 - \overline{y}, y_2 - \overline{y}, \cdots, y_n - \overline{y}) \tag{5-17}$$

按照定义，向量 $\vec{x}$ 和 $\vec{y}$ 的内积为

$$\vec{x} \cdot \vec{y} = \sum_{i=1}^{n} (x_i - \overline{x})(y_i - \overline{y}) \tag{5-18}$$

我们发现式（5-18）正好是式（5-16）的分子。其实，式（5-18）中（$x_i - \overline{x}$）和（$y_i - \overline{y}$）中的 $-\overline{x}$ 和 $-\overline{y}$ 也只是对原始抽样数据对（x_i，y_i）进行了平移，一点都不影响我们的理解。而式（5-16）分母是向量 $\vec{x}$ 和 $\vec{y}$ 各自模的乘积，也就是进行了归一化处理。于是

$$c(x, y) = \frac{\sum\limits_{i=1}^{n} (x_i - \overline{x})(y_i - \overline{y})}{\sqrt{\sum\limits_{i=1}^{n} (x_i - \overline{x})^2} \sqrt{\sum\limits_{i=1}^{n} (y_j - \overline{y})^2}} = \frac{\vec{x} \cdot \vec{y}}{|\vec{x}||\vec{y}|} = \cos(\vec{x}, \vec{y}) \tag{5-19}$$

所以，$c(x, y)$ 实际是向量 $\vec{x}$ 和 $\vec{y}$ 夹角的余弦，这也就解释了为什么相关系数的取值在 -1 和 1 之间。当 $c(x, y)$ 为 0 时，向量 $\vec{x}$ 和 $\vec{y}$ 相互垂直，即沿其中一个向量的方向移动对另外一个向量没有任何影响，可以认为二者之间没有任何关系。$c(x, y)$ 的绝对值表示了一对向量的线性相关性，也就是第 5.9 节讨论的余弦距离的概念。

按照以上的定义，表 5-4 中 6 个输入变量与输出射程的相关系数分别为：

$c_1 = 0.9965$，表明装药量和射程正相关。

$c_2 = -0.9922$，表明结构质量和射程负相关。

$c_3 = -0.9996$，表明轴向力系数和射程负相关。

$c_4 = 0.9971$，表明法向力系数和射程正相关。

$c_5 = -0.9976$，表明落速和射程负相关。

$c_6 = 0.9893$，表明发动机比冲和射程正相关。

可以看出，这 6 个输入参数和射程的线性关系还是非常明显的。

注意，Pearson 相关系数只是衡量两个变量线性相关程度的指标，也就是说，在使用 Pearson 相关系数之前，必须先确认两个变量是线性相关的，然后这个系数才能表明这两个变量的相关程度。在第 2 章提到的 Anscombe 数据集相关性的误判就是这个道理。

除了 Pearson 相关系数外，还有一些其他的相关性定义，比如 Spearman 相关系数和 Kendall 相关系数。

Spearman 相关系数是一种评估两个变量之间秩（也就是位次，或称为排序）相关性的统计度量，是一种非参数的统计方法。它与 Pearson 相关系数不同，不需要假设变量之间存在线性关系，也不管这两个变量的具体值是多少，只要按照它们各自的排列位置求差，就可以求出 Spearman 相关系数了。下面举例说明。

我们对输入 x 和输出 y 两个变量抽样 6 次，得到 6 个数据对，见表 5-5。

表 5-5　用于计算 Spearman 相关系数的数据对示例

序号	变量 x	位次 R_x	变量 y	位次 R_y	位次差的平方 $d_i^2 = (R_x - R_y)^2$
1	11	5	2	6	1

续表

序号	变量 x	位次 R_x	变量 y	位次 R_y	位次差的平方 $d_i^2 = (R_x - R_y)^2$
2	490	1	75	1	0
3	14	4	3	5	1
4	43	2	44	2	0
5	30	3	7	4	1
6	3	6	42	3	9

对于表 5-5，如第三行 x 的值为 14，在整个变量 x 样本中的排序为 4，对应的 y 的值为 3，在变量 y 样本中的排序为 5，其位次差为 1。Spearman 相关系数的计算公式为

$$\rho(x,y) = \frac{\sum_{i=1}^{n}(R(x_i) - \overline{R}(x))(R(y_i) - \overline{R}(y))}{\sqrt{\sum_{i=1}^{n}(R(x_i) - \overline{R}(x))^2} \sqrt{\sum_{i=1}^{n}(R(y_i) - \overline{R}(y))^2}} \tag{5-20}$$

式中，n 是总的样本数；$R(x_i)$、$R(y_i)$ 分别表示 x_i 和 y_i 在 x 和 y 中的位次；$\overline{R}(x)$、$\overline{R}(y)$ 分别表示 x 和 y 的平均位次。更简化的计算公式为

$$\rho(x,y) = 1 - \frac{6\sum d_i^2}{n(n^2 - 1)} \tag{5-21}$$

式中，d_i 为第 i 个样本对的位次值之差。

按照式（5-21）计算表 5-5 中 x、y 样本的 Spearman 相关系数，得到

$$\rho(x,y) = 1 - \frac{6\sum d_i^2}{n(n^2 - 1)} = 1 - \frac{6 \times (1 + 1 + 1 + 9)}{6 \times (6^2 - 1)} = 0.657$$

Kendall 相关系数也是一种秩相关，只不过它计算的对象是分类变量，在工程领域不常见，这里就不详细介绍了。

5.4　回归分析法

回归分析（Regression analysis）本质上是寻找输入 x 和输出 y 之间的映射或函数关系，然后通过统计方法来检验这个回归函数的显著性，第 6 章我们会继续讨论这个问题。这里我们借助回归分析的方法，来检查每个输入变量的变化对输出 y 的影响，即灵敏度。既然是函数关系，就有可能是线性的，也有可能是非线性的。

我们仍然以三个自变量为例，$x = \{x_1, x_2, x_3\}$，$y = f(x_1, x_2, x_3)$。假设 y 可以表达为如下的线性形式

$$y = b_0 + b_1 x_1 + b_2 x_2 + b_3 x_3 \tag{5-22}$$

对 $y = f(x_1, x_2, x_3)$ 进行 m 次抽样，同样可以得到 m 组抽样数据，即

$$\begin{cases} \{y_1, x_{11}, x_{21}, x_{31}\} \\ \{y_2, x_{12}, x_{22}, x_{32}\} \\ \quad\cdots \\ \{y_m, x_{1m}, x_{2m}, x_{3m}\} \end{cases} \tag{5-23}$$

将式（5-23）所示的 m 组抽样数据代入式（5-22），可以得到 m 个线性方程

$$\begin{cases} y_1 = b_0 + b_1 x_{11} + b_2 x_{21} + b_3 x_{31} \\ y_2 = b_0 + b_1 x_{12} + b_2 x_{22} + b_3 x_{32} \\ \quad\cdots \\ y_m = b_0 + b_1 x_{1m} + b_2 x_{2m} + b_3 x_{3m} \end{cases} \tag{5-24}$$

针对式（5-24），可以用最小二乘的方式求系数 b_0, b_1, b_2, b_3，使得下式成立

$$\min \sum_{j=1}^{m} \left[y_j - \left(b_0 + \sum_{i=1}^{3} b_i x_{ij} \right) \right]^2 \tag{5-25}$$

即求系数 b_0, b_1, b_2, b_3，使得残差的平方和最小。针对灵敏度分析来说，回归系数 b_1、b_2、b_3 本身并不重要，主要是因为 b_i 的大小和 x_i 本身实际物理量的单位有关系。我们做下面的变换，看看能发生什么。

对式（5-22）两边取均值，得到

$$\overline{y} = b_0 + b_1 \overline{x}_1 + b_2 \overline{x}_2 + b_3 \overline{x}_3 \tag{5-26}$$

将式（5-22）和式（5-26）两式相减，得到

$$y - \overline{y} = b_1 (x_1 - \overline{x}_1) + b_2 (x_2 - \overline{x}_2) + b_3 (x_3 - \overline{x}_3) \tag{5-27}$$

两边同除以 $\hat{s}$，并做如下处理

$$\frac{y - \overline{y}}{\hat{s}} = \frac{b_1 \cdot \hat{s}_1}{\hat{s}} \frac{(x_1 - \overline{x}_1)}{\hat{s}_1} + \frac{b_2 \cdot \hat{s}_2}{\hat{s}} \frac{(x_2 - \overline{x}_2)}{\hat{s}_2} + \frac{b_3 \cdot \hat{s}_3}{\hat{s}} \frac{(x_3 - \overline{x}_3)}{\hat{s}_3} \tag{5-28}$$

其中

$$\hat{s} = \sqrt{\frac{\sum\limits_{j=1}^{m} (y_j - \overline{y})^2}{m-1}}$$

$$\hat{s}_1 = \sqrt{\frac{\sum\limits_{j=1}^{m} (x_{1j} - \overline{x}_1)^2}{m-1}}$$

$$\hat{s}_2 = \sqrt{\frac{\sum\limits_{j=1}^{m} (x_{2j} - \overline{x}_2)^2}{m-1}}$$

$$\hat{s}_3 = \sqrt{\frac{\sum\limits_{j=1}^{m} (x_{3j} - \overline{x}_3)^2}{m-1}}$$

分别为 y, x_1, x_2, x_3 各自抽样的标准差，如上处理，实际上是把上面的自变量 x_i 进行了归

一化（或标准化）处理，那么 $\dfrac{b_1 \cdot \hat{s}_1}{\hat{s}}$，$\dfrac{b_2 \cdot \hat{s}_2}{\hat{s}}$，$\dfrac{b_3 \cdot \hat{s}_3}{\hat{s}}$ 就是标准化回归系数（Standardized Regression Coefficient，SRC），它们是 x_1，x_2，x_3 三个变量对于 y 影响程度的一个相对度量。

将上面的分析推广到 n 个变量的情形。$\hat{y} = b_0 + \sum\limits_{i=1}^{n} b_i x_i$ 是一个由 n 个独立的元素 x_1，x_2，x_i，…，x_n 构成的线性模型，其中 b_0 和 b_i 是待定参数。用最小二乘法，使得下式成立

$$\min \sum_{j=1}^{m} (y_j - \hat{y})^2 = \min \sum_{j=1}^{m} \left[y_j - \left(b_0 + \sum_{i=1}^{n} b_i x_{ij} \right) \right]^2 \tag{5-29}$$

式中，x_{ij} 表示第 i 个变量的第 j 个抽样点。参照式（5-28），可以得到

$$\frac{(y - \overline{y})}{\hat{s}} = \sum_{i=1}^{n} \frac{b_i \hat{s}_i}{\hat{s}} \frac{(x_i - \overline{x}_i)}{\hat{s}_i} \tag{5-30}$$

其中

$$\hat{s} = \sqrt{\sum_{j=1}^{m} \frac{(y_j - \overline{y})^2}{m-1}}$$

$$\hat{s}_i = \sqrt{\sum_{j=1}^{m} \frac{(x_{ij} - \overline{x}_i)^2}{m-1}}$$

式（5-30）中，$\dfrac{b_i \hat{s}_i}{\hat{s}}$ 是标准化的回归系数，这个值的绝对值越大，说明变量 x_i 对 y 的相对重要性越高，$\dfrac{b_i \hat{s}_i}{\hat{s}}$ 的正负号表明 x_i 对 y 的影响是正向的还是负向的。但注意，当变量 x_i 之间不独立时，$\dfrac{b_i \hat{s}_i}{\hat{s}}$ 不一定能给出可靠的影响程度信息[3]。

上面我们看到的是 x 和 y 线性关系的情况。另外一种常见的情况是 x 和 y 的关系并不是线性的，这种回归形式可以表达为

$$\hat{y} = b_0 + \sum_{i=1}^{n} b_i f_i(x_i) + \sum_{i=1}^{n} \sum_{k=i}^{n} b_{ik} f_{ik}(x_i, x_k) \tag{5-31}$$

式（5-31）中，尽管 $f(\cdot)$ 对于 x 来说可能是非线性的，但我们可以理解为通过一个新的变换，引入了一系列新的输入变量而已，如可以设 $\gamma_i = f_i(x_i)$，$\gamma_{ik} = f_{ik}(x_i, x_k)$

$$\hat{y} = b_0 + \sum_{i=1}^{n} b_i \gamma_i + \sum_{i=1}^{n} \sum_{k=i}^{n} b_{ik} \gamma_{ik} \tag{5-32}$$

这个问题的真正难点在于 $f(\cdot)$ 的确定和由此带来的相关性分析。关于非线性回归的方法可参考有关书籍。

5.5　偏相关性分析

偏相关性（Partial Correlation）也叫条件相关性，是指两个不确定性变量在排除了其

他输入影响情况下的净相关性，或称为纯相关性。它的主要作用是，在所有的输入变量中，判断哪些输入对输出的影响较大，从而选择其作为回归分析的变量，其他影响不大的变量可以不予考虑。

偏相关性的基本思想如下。我们仍然以 $y = f(x_1, x_2, x_3)$ 为例，其中有三个输入变量 $x = \{x_1, x_2, x_3\}$。选择 x_2 为分析对象，先定义两个线性回归模型：

$$\hat{x}_2 = c_0 + c_1 x_1 + c_3 x_3 \tag{5-33}$$

y 可以用除了 x_2 以外的变量表达为

$$\hat{y} = b_0 + b_1 x_1 + b_3 x_3 \tag{5-34}$$

那么，x_2 和 y 的偏相关系数（Partial Correlation Coefficient，PCC）定义为两个新变量 $(x_2 - \hat{x}_2)$ 和 $(y - \hat{y})$ 的相关系数，即将式（5-13）中的 x_2 和 y 替换为 $(x_2 - \hat{x}_2)$ 和 $(y - \hat{y})$。同样，我们也可以定义相应的偏标准化回归系数（PSRC）。

同样，在有 n 个输入变量的一般情况下，可以定义

$$\hat{x}_i = c_0 + \sum_{\substack{p=1 \\ p \neq i}}^{n} c_p x_p \tag{5-35}$$

$$\hat{y} = b_0 + \sum_{\substack{p=1 \\ p \neq i}}^{n} b_p x_p \tag{5-36}$$

式（5-35）是用除了第 i 个输入 x_i 之外的其他元素来表达 x_i，式（5-36）是用除了第 i 个输入 x_i 之外的其他元素来表达 y，以上两个回归的结果，可以给出两个新的变量 $x_i - \hat{x}_i$ 和 $y - \hat{y}$，那么 x_i 和 y 之间的偏相关性就可以用 $x_i - \hat{x}_i$ 和 $y - \hat{y}$ 两个新变量的相关性表征，相应的相关系数就是将式（5-15）改写为 $c(x_i - \hat{x}_i, y - \hat{y})$。

偏相关系数反映输入元素 x_i 对 y 的重要程度。偏相关系数的绝对值越大，该 x_i 对 y 影响的重要程度也越大，同样需要注意，当 x 内的元素 x_i 之间存在相关性时，偏相关系数有可能会误导判断。

5.6　秩变换

秩变换（Rank transformations），也称位次（排序）变换。我们在前面介绍 Spearman 相关系数时已经接触到这个概念，它是将输入 x 和输出 y 之间的非线性但单调的关系转换为线性关系。通过此变换，输入 x 和输出 y 的值将被其对应的顺序所代替。在非线性但单调的 x 和 y 关系下，秩变换可以极大提高灵敏度分析的分辨率。对应秩变换后的 x 和 y 的数据对，其相应的相关系数成为 Spearman 相关系数（SCC），其他对应的秩回归方法、标准化的秩回归系数（SRRC）、秩偏相关系数（PRCC）等都有相应的定义。

表 5-6 是具有相同数值的数据的秩排序实例。对应 x 的最小值，其秩被赋予值 1，对应下一个次大的值，其秩被赋予值 2，当遇到两个 x 一样的值时（tie），其秩分别被赋予其顺序的平均值（如表中 x 为 610 时，其秩为 11.5），以此类推，直到对应最大的变量被

赋予 n（即所包含变量的采样个数，此例中 n 为 20）。

表 5 - 6　具有相同数值的数据的秩排序实例

x	秩 R	x	秩 R	x	秩 R	x	秩 R
575	6	565	4	600	10	725	20
542	3	593	9	651	15	700	17
530	1	590	8	610	11.5	715	19
539	2	579	7	637	14	685	16
570	5	610	11.5	629	13	710	18

我们知道，方差分析（ANOVA）是分析数据间是否存在显著性差异的方法。方差分析中的 F 统计量可以用来衡量目标变量之间的关联程度。统计量 F 越大，表示关系越显著。具体地，通过计算统计量 F 来进行假设检验。当 F 值大于临界值或 P 值小于事先设定的显著性水平（通常为 0.05）时，则拒绝原假设（即所有组的均值相等），认为至少有两个组的均值存在显著差异。但它不能告诉我们哪些具体组别之间存在差异，这就需要用其他的多重比较测试来确定。

当正态性假设不能被证明的情况下，我们希望不依赖于正态假定的检验法来代替方差分析的 F 检验法，Kruskal 和 Wallis 提出了利用秩变换的方法[4]。下面介绍利用秩变换进行方差分析的非参数法。

以某单因子问题为例，单因子试验下的典型数据可以表示为表 5 - 7。表中，α 是该因子的水平数，观测值 y_{ij} 表示该因子在第 i 种水平下得到的第 j 个观测值。一般地，在每个水平（i）下有 n 个观测 0 值。

表 5 - 7　单因子试验下的典型数据

水平(α)	样本值(观测值)				总和	平均值
1	y_{11}	y_{12}	$\cdots$	y_{1n}	y_1	$\overline{y}_1$
2	y_{21}	y_{22}	$\cdots$	y_{2n}	y_2	$\overline{y}_2$
$\vdots$	$\vdots$	$\vdots$	$\cdots$	$\vdots$	$\vdots$	$\vdots$
α	y_{a1}	y_{a2}	$\cdots$	y_{an}	y_a	$\overline{y}_a$

于是，我们可以将观测值 y_{ij} 按照升序排列，然后将每一观测值用它的秩（即位次，这里定义为 R_{ij}）来替代，最小的观测值的秩为 1，对有观测值相同的情况，则用它们的平均秩赋值。令 R_i 为第 i 种水平下数据的秩和，于是，定义检验统计量

$$H = \frac{1}{S^2}\left[\sum_{i=1}^{\alpha} \frac{R_i^2}{n_i} - \frac{N(N+1)^2}{4}\right] \qquad (5-37)$$

其中，n_i 是第 i 种水平下的观测值个数，N 是观测值的总个数，且

$$S^2 = \frac{1}{N-1}\left[\sum_{i=1}^{a}\sum_{j=1}^{n_i} R_{ij}^2 - \frac{N(N+1)^2}{4}\right] \qquad (5-38)$$

注意，S^2 正好是秩的方差，若没有观测值相同的情况，则

$$S^2 = \frac{N(N+1)}{12} \tag{5-39}$$

且检验统计量简化为

$$H = \frac{12}{N(N+1)} \left[\sum_{i=1}^{\alpha} \frac{R_i^2}{n_i} - 3(N+1) \right] \tag{5-40}$$

一般地，当 $n_i \geqslant 5$ 时，H 近似服从 $\chi_{\alpha-1}^2$ 分布。如果我们把 F 检验用于秩而不是用于原始采样数据，则得到

$$F = \frac{H/(\alpha-1)}{(N-1-H)/(N-\alpha)} \tag{5-41}$$

以式（5-41）作为检验统计量，当 Kruskal-Wallis 统计量 H 递增或递减时，F 也递增或递减，所以，Kruskal-Wallis 检验法等价于将通常的方差分析应用于秩的情况。

5.7　方差分解法

正如前文强调的，不同的方法有其各自的特点和应用场景。自然地，它就有其自身需要面对的一些问题。针对 $y = f(x)$ 灵敏度分析问题，当我们能够捕捉到输入 x 和输出 y 的线性关系时，就可以采用相关系数（CC）、偏相关系数（PCC）和标准化回归系数（SRC）等方法；当输入 x 和输出 y 是单调非线性关系时，秩相关系数（RCC）、秩偏相关系数（PRCC）和标准化的秩回归系数（SRRC）等方法也是适用的。当遇到输入 x 和输出 y 二者既不是线性关系，也不是单调关系时，能不能找到一种方法，它可以适应输入 x 和输出 y 之间任何一种映射关系，从而帮助我们进行灵敏度分析呢？

下面先介绍两个概念，一个是局部灵敏度，另一个是全局灵敏度。

设 $y = f(x)$ 是定义在 n 维边长为 1 的超立方体内，且 $x = (x_1, x_2, x_3, \cdots, x_n)$，也就是任意一个 x_i 都满足 $0 \leqslant x_i \leqslant 1$，这个假设对后面要研究的方法至关重要。对于一个特定的解，比如 x^*，对应可以得到 $y^* = f(x^*)$，此时，可以用偏导数来估计输出 y 对于某一个输入 x_k 在 x^* 点处的灵敏度，即 $\left. \frac{\partial y}{\partial x_k} \right|_{x=x^*}$。由于此灵敏度是在 $x = x^*$ 这个特定点的情况下得到的，所以我们称之为局部灵敏度。而全局灵敏度并不要求限定一个特定的输入点 $x = x^*$，其考虑的是整个超立方体内 y 对任意一个输入 x_k 的灵敏度。

把 $y = f(x)$ 这个函数分解为一系列的函数，而这一系列的函数包含 $x = (x_1, x_2, x_3, \cdots, x_n)$ 中任意元素 x_i 的任意可能组合，即

$$y = f(x) = f_0 + \sum_i f_i(x_i) + \sum_i \sum_{j>i} f_{ij}(x_i, x_j) + \cdots + f_{12\cdots n}(x_1, x_2, \cdots, x_n)$$

$$\tag{5-42}$$

其中，式（5-42）左边的被加数（函数）的个数一共是 2^n 个，比如当 $x = \{x_1\}$ 时，$y = f(x) = f_0 + f_1(x_1)$；当 $x = \{x_1, x_2\}$ 时

$$y = f(x) = f_0 + f_1(x_1) + f_2(x_2) + f_{12}(x_1, x_2)$$

当 $x = \{x_1,\ x_2,\ x_3\}$ 时

$$y = f(x) = f_0 + f_1(x_1) + f_2(x_2) + f_3(x_3) + f_{12}(x_1,x_2) + f_{13}(x_1,x_3) + \\ f_{23}(x_2,x_3) + f_{123}(x_1,x_2,x_3)$$

显然，从理论上讲，这个分解有任意多个组合，也就是说，式（5-42）没有唯一解。这就给灵敏度分析工作带来了极大的不确定性。而且当 n 很大时，找到这个分解的工作量也是相当大的。怎么解决这个问题呢？Sobol 提出了一个全面灵敏度分析方法[5]，下面我们就讨论一下这个方法及其背后的思路。

假设 n 个变量 $x = \{x_1,\ x_2,\ x_3,\ \cdots,\ x_n\}$，其中的 x_i 之间相互独立。若 f_0 为常数，且当每一个 $f_{i_1 i_2 \cdots i_s}(x_{i_1},\ x_{i_2},\ \cdots,\ x_{i_s})$ 满足相对于其独立自变量的积分为 0 的条件时，即

$$\int_0^1 f_{i_1 i_2 \cdots i_s}(x_{i_1}, x_{i_2}, \cdots, x_{i_s}) \mathrm{d}x_{ik} = 0, 1 \leqslant k \leqslant s \tag{5-43}$$

那么，式（5-42）就可以称为方差分解，且是唯一的。此时

$$f_0 = \int f(x) \mathrm{d}x = E(y) \tag{5-44}$$

同时，从式（5-43）还可以推导出任意两个 $f_{i_1 i_2 \cdots i_s}(x_{i_1},\ x_{i_2},\ \cdots,\ x_{i_s})$ 和 $f_{j_1 j_2 \cdots j_s}(x_{j_1},\ x_{j_2},\ \cdots,\ x_{j_s})$ 的正交性，即

$$\int_0^1 f_{i_1 i_2 \cdots i_s}(x_{i_1}, x_{i_2}, \cdots, x_{i_s}) f_{j_1 j_2 \cdots j_s}(x_{j_1}, x_{j_2}, \cdots, x_{j_s}) \mathrm{d}x = 0 \tag{5-45}$$

有了上面的理论准备，我们对式（5-42）进行变换。由于 $f_0 = E(y)$，可以得到

$$y - E(y) = \sum_i f_i(x_i) + \sum_i \sum_{j>i} f_{ij}(x_i,x_j) + \cdots + f_{12 \cdots n}(x_1,x_2,\cdots,x_n) \tag{5-46}$$

对式（5-46）两边取方差（即两边平方后再取均值），注意各函数之间的正交特性［如式（5-45）所表示的］，得到

$$V(y) = \sum_i V_i(x_i) + \sum_i \sum_{j>i} V_{ij}(x_i,x_j) + \cdots + V_{12 \cdots n}(x_1,x_2,\cdots,x_n) \tag{5-47}$$

其中

$$V_i = \int f_i^2(x_i)\ \mathrm{d}x_i$$

$$\cdots$$

$$V_{12 \cdots n} = \int f_{12 \cdots n}^2(x_1,x_2,\cdots,x_n)\ \mathrm{d}x_1 \mathrm{d}x_2 \cdots \mathrm{d}x_n$$

将式（5-47）两边同时除以 $V(y)$，得到

$$1 = \sum_i \frac{V_i(x_i)}{V(y)} + \sum_i \sum_{j>i} \frac{V_{ij}(x_i,x_j)}{V(y)} + \cdots + \frac{V_{12 \cdots n}(x_1,x_2,\cdots,x_n)}{V(y)} \tag{5-48}$$

$$= \sum_i S_i + \sum_i \sum_{j>i} S_{ij} + \cdots + S_{12 \cdots n}$$

其中，S_i 代表 x_i 对 y 的方差的贡献；S_{ij} 代表 x_i 和 x_j 的交互作用对 y 的方差的贡献；$\cdots\cdots$ $S_{12 \cdots n}$ 代表所有 x 对 y 的方差的贡献。

文献 [6] 给出了一些实例，并与回归方法等进行了比较，感兴趣的读者可以参考。

5.8　傅里叶幅值灵敏度检验法

5.8.1　傅里叶级数展开

我们知道，泰勒级数展开在很多场合是非常有用的，比如在 $x=a$ 点的展开[7]

$$f(x)\mid_{x=a} = \sum_{n=0}^{\infty} \frac{1}{n!} \frac{\partial^{(n)} f}{\partial x^{(n)}}\bigg|_{x=a} (x-a)^n \qquad (5-49)$$

上式成立，需要上面的累加和收敛。如果收敛，需要上面的累加和与原函数 $f(x)$ 一致，在这种情况下，有

$$f(x) = \sum_{n=0}^{\infty} \frac{1}{n!} \frac{\partial^{(n)} f}{\partial x^{(n)}}\bigg|_{x=a} (x-a)^n \qquad (5-50)$$

我们知道，上面泰勒级数展开在很多场合是非常有用的。同样，也可以用傅里叶级数展开，我们用三角函数级数

$$f = a_0 + \sum_{n=1}^{\infty} \left(a_n \cos \frac{n\pi x}{l} + b_n \sin \frac{n\pi x}{l} \right) \qquad (5-51)$$

其中，a_0，a_n 和 b_n 称为函数 f 的傅里叶系数，且

$$a_0 = \frac{1}{2l} \int_{-l}^{l} f(x) \mathrm{d}x$$

$$a_n = \frac{1}{l} \int_{-l}^{l} f(x) \cos \frac{n\pi x}{l} \mathrm{d}x \quad n=1,2,\cdots$$

$$b_n = \frac{1}{l} \int_{-l}^{l} f(x) \sin \frac{n\pi x}{l} \mathrm{d}x \quad n=1,2,\cdots$$

上式一般适用于周期函数，但对于非周期函数也是可以处理的[7]，只要取我们关心的区间计算相应的傅里叶系数即可。

下面看看这是如何推导出来的。

在函数空间，我们也可以定义两个函数 $f(x)$ 和 $g(x)$，若 $\int_a^b f(x)g(x)\mathrm{d}x = 0$，则 $f(x)$ 和 $g(x)$ 正交。两个函数的内积可以表达为

$$\langle f, g \rangle = \int_a^b f(x)g(x)\mathrm{d}x$$

当 $\langle f, g \rangle = 0$ 时，则 f 和 g 是正交的。定义 $\|f\| = \sqrt{\langle f, f \rangle}$，假如 $\|f\| = 1$，则称 f 是归一化了 [也就是其秩（unit norm）为 1]。定义 $\{\vec{e}_1, \vec{e}_2, \cdots, \vec{e}_n\}$ 为一个正交向量集，那么 f 的最好近似就是

$$f \approx \langle f, \vec{e}_1 \rangle \vec{e}_1 + \langle f, \vec{e}_2 \rangle \vec{e}_2 + \cdots + \langle f, \vec{e}_n \rangle \vec{e}_n = \sum_{i=1}^{n} \langle f, \vec{e}_i \rangle \vec{e}_i \qquad (5-52)$$

也就是 f 在正交向量 $\vec{e}_i$ 上的投影之和。

假设我们选取积分区间为 $[-l, l]$，此时 $a=-l$，$b=l$，取一组向量

$$
\begin{cases}
\vec{e}_1 = 1 \\[2mm]
\vec{e}_2 = \cos\dfrac{\pi x}{l} \\[2mm]
\vec{e}_3 = \sin\dfrac{\pi x}{l} \\[2mm]
\cdots \\[2mm]
\vec{e}_{2k} = \cos\dfrac{k\pi x}{l} \\[2mm]
\vec{e}_{2k+1} = \sin\dfrac{k\pi x}{l}
\end{cases}
\tag{5-53}
$$

则 $\{\vec{e}_1,\ \vec{e}_2,\ \cdots,\ \vec{e}_{2k+1}\}$ 都是正交的，主要是由于

$$
\begin{cases}
\displaystyle\int_{-l}^{l}\cos\dfrac{m\pi x}{l}\cos\dfrac{n\pi x}{l}\mathrm{d}x = \begin{cases}0 & m\neq n \\ l & m=n\end{cases} \\[4mm]
\displaystyle\int_{-l}^{l}\sin\dfrac{m\pi x}{l}\sin\dfrac{n\pi x}{l}\mathrm{d}x = \begin{cases}0 & m\neq n \\ l & m=n\end{cases} \\[4mm]
\displaystyle\int_{-l}^{l}\cos\dfrac{m\pi x}{l}\sin\dfrac{n\pi x}{l}\mathrm{d}x = 0
\end{cases}
\tag{5-54}
$$

比如，$\langle\vec{e}_2,\ \vec{e}_3\rangle = \displaystyle\int_{-l}^{l}\cos\dfrac{\pi x}{l}\sin\dfrac{\pi x}{l}\mathrm{d}x = 0$

$\langle\vec{e}_1,\ \vec{e}_1\rangle = \displaystyle\int_{-l}^{l}(1)(1)\mathrm{d}x = 2l$

$\langle\vec{e}_2,\ \vec{e}_2\rangle = \displaystyle\int_{-l}^{l}\cos^2\dfrac{\pi x}{l}\mathrm{d}x = l$

$\cdots$

$\langle\vec{e}_{2k+1},\ \vec{e}_{2k+1}\rangle = \displaystyle\int_{-l}^{l}\sin^2\dfrac{k\pi x}{l}\mathrm{d}x = l$

所以，归一化后的 $\{\vec{e}_1,\ \vec{e}_2,\ \cdots,\ \vec{e}_n\}$ 变为

$$
\begin{cases}
\vec{e}_1 = \dfrac{1}{\|\vec{e}_1\|}\vec{e}_1 = \dfrac{1}{\sqrt{\langle\vec{e}_1,\vec{e}_1\rangle}}\vec{e}_1 = \dfrac{1}{\sqrt{2l}} \\[4mm]
\vec{e}_2 = \dfrac{1}{\|\vec{e}_2\|}\vec{e}_2 = \dfrac{1}{\sqrt{\langle\vec{e}_2,\vec{e}_2\rangle}}\vec{e}_2 = \dfrac{1}{\sqrt{l}}\cos\dfrac{\pi x}{l} \\[4mm]
\cdots \\[4mm]
\vec{e}_{2k+1} = \dfrac{1}{\sqrt{l}}\sin\dfrac{k\pi x}{l}
\end{cases}
\tag{5-55}
$$

因此，考虑式（5-55）后，式（5-52）变为

$$
f \approx c_1\dfrac{1}{\sqrt{2l}} + c_2\dfrac{1}{\sqrt{l}}\cos\dfrac{\pi x}{l} + c_3\dfrac{1}{\sqrt{l}}\sin\dfrac{\pi x}{l} + \cdots + c_{2k}\dfrac{1}{\sqrt{l}}\cos\dfrac{k\pi x}{l} + c_{2k+1}\dfrac{1}{\sqrt{l}}\sin\dfrac{k\pi x}{l}
$$

$$
\tag{5-56}
$$

其中

$$c_1 = \langle f, \vec{e}_1 \rangle = \int_{-l}^{l} f(x) \frac{1}{\sqrt{2l}} dx = \frac{1}{\sqrt{2l}} \int_{-l}^{l} f(x) dx$$

$$c_2 = \langle f, \vec{e}_2 \rangle = \int_{-l}^{l} f(x) \frac{1}{\sqrt{l}} \cos \frac{\pi x}{l} dx = \frac{1}{\sqrt{l}} \int_{-l}^{l} f(x) \cos \frac{\pi x}{l} dx$$

$$\cdots$$

$$c_{2k+1} = \langle f, \vec{e}_{2k+1} \rangle = \frac{1}{\sqrt{l}} \int_{-l}^{l} f(x) \sin \frac{k\pi x}{l} dx$$

最终，我们可以写成

$$f = a_0 + a_1 \cos \frac{\pi x}{l} + b_1 \sin \frac{\pi x}{l} + \cdots + a_k \cos \frac{k\pi x}{l} + b_k \sin \frac{k\pi x}{l} \tag{5-57}$$

$$= a_0 + \sum_{n=1}^{\infty} \left(a_n \cos \frac{n\pi x}{l} + b_n \sin \frac{n\pi x}{l} \right)$$

其中

$$a_0 = \frac{1}{2l} \int_{-l}^{l} f(x) dx$$

$$a_n = \frac{1}{l} \int_{-l}^{l} f(x) \cos \frac{n\pi x}{l} dx \quad n = 1, 2, \cdots$$

$$b_n = \frac{1}{l} \int_{-l}^{l} f(x) \sin \frac{n\pi x}{l} dx \quad n = 1, 2, \cdots$$

5.8.2　傅里叶幅值灵敏度检验法的基本思想

　　傅里叶幅值灵敏度检验法（Fourier Amplitude Sensitivity Test，FAST）的基本思想是[8-10]，既然方差分解法可以把 $y = f(x)$ 展开成一些特定函数的组合，我们也可以用傅里叶级数将其展开。设 $x_i = g_i(\sin\omega_i s)$，$0 < x_i < 1$，文献［11］证明了

$$f_0 = \int f(x) dx = \int f(x_1, x_2, \cdots, x_n) dx_1 dx_2 \cdots dx_n \tag{5-58}$$

与

$$f_0 = \lim_{l \to \infty} \frac{1}{2l} \int_{-l}^{l} f(x(s)) ds \tag{5-59}$$

是完全等价的，于是，一个 n 个变量的多维积分，就可以变成对一个变量 s 的单维度的积分。由于数值计算时，无法对所有频率进行枚举，只能选取一些典型的频率，用周期 2π 的曲线来代替，得到

$$f_0 = \lim_{l \to \infty} \frac{1}{2l} \int_{-l}^{l} f(x(s)) ds \approx \frac{1}{2\pi} \int_{-\pi}^{\pi} f(x(s)) ds \tag{5-60}$$

由于[12]

$$V = \frac{1}{2\pi} \int_{-\pi}^{\pi} f^2(x(s)) ds - f_0^2 \tag{5-61}$$

用傅里叶级数将 $f(x(s))$ 展开，利用 Parseval 定理，得到

$$V = 2 \sum_{k=1}^{\infty} (A_k^2 + B_k^2) \tag{5-62}$$

其中

$$A_k \cong \frac{1}{\pi} \int_{-\pi}^{\pi} f(g_1(\sin\omega_1 s), g_2(\sin\omega_2 s), \cdots, (\sin\omega_n s)) \cos(ks) \, ds$$

$$B_k \cong \frac{1}{\pi} \int_{-\pi}^{\pi} f(g_1(\sin\omega_1 s), g_2(\sin\omega_2 s), \cdots, (\sin\omega_n s)) \sin(ks) \, ds$$

因为

$$V_i = 2 \sum_{k=1}^{\infty} (A_{k\omega_i}^2 + B_{k\omega_i}^2) \tag{5-63}$$

于是，可以用式（5-64）来表征某一输入 x_i 对输出 y 的方差的影响

$$S_i = \frac{V_i}{V} = \frac{\displaystyle\sum_{k=1}^{\infty} (A_{k\omega_i}^2 + B_{k\omega_i}^2)}{\displaystyle\sum_{k=1}^{\infty} (A_k^2 + B_k^2)} \tag{5-64}$$

该方法的一些具体应用可以见文献 [12—14]。

5.9　其他方法

前文介绍了相关性分析、回归分析、秩变换等典型方法。无论是用原始的数据还是用秩变换的数据，当遇到输入变量 x 对输出变量 y 之间的关系是非线性和非单调时，基于原始数据或秩变换后的数据分析可能会失效。此时，我们会考虑用方差分析或傅里叶幅值灵敏度检验法来解决这些问题。但是，当遇到图 5-3 所示散点数据时，我们会发现图中展示出来的模式过于复杂，以至于无法采用前文提及的方法。在这种情况下，可以考虑依据散点图将数据用网格进行划分，从而用基于网格划分的统计检验方法（Statistical tests for patterns based on gridding）来确定不同网格内点的分布是否是非随机的。非随机模式的出现，表明变量 x 的变化对变量 y 的影响是存在的。文献 [3] 归纳了共同均值（CMNS）、共同分布或位置（CL）、共同中值（CMD）、统计独立性（SI）等可能的检验方法。

另外，还有一个基于网格划分的熵模式检验方法，定义

$$R(y, x) = \{1 - e^{-2(H(x)+H(y)-H(y,x))}\}^{\frac{1}{2}} \tag{5-65}$$

式中　$H(x)$——变量 x 的熵的估计；

　　　$H(y)$——变量 y 的熵的估计；

　　　$H(y, x)$——变量 x 和 y 的联合熵的估计。

当 $R(y, x)$ 为 0 时，表明 x 和 y 无关联。若 x 和 y 强相关，$R(y, x)$ 则趋近于 1。详细的方法可以参见文献 [3]。

基于距离测度的检验（Tests for patterns based on distance measures）也是一种灵敏

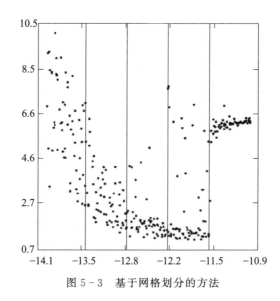

图 5 - 3   基于网格划分的方法

度分析的方法。距离测度与相似度本质上是一致的，常用的距离计算方式包括欧式距离、余弦相似度或 Jaccord 相似度。距离是测量空间和时间的基本方式。相似度并不直接计算两个矢量的距离，而是从其他方面衡量，比如余弦相似度（余弦距离）计算两个矢量之间角度的余弦，Jaccord 相似度用两个集合的交集和并集来衡量。如果两组数据之间的距离越大，那么其相似度就越小。反过来，如果两组数据的相似度越大，那么其距离越小。这是非常直观的。另一方面，二者之间还有些许区别，比如，距离测度一般大于 0，而相似度（或相异度）通常介于 [0，1] 之间，而相似度和相异度统称为邻近度。于是，不难理解用距离测度或相似度分析样本之间相互变化的影响，也就是表征了灵敏度。如果距离近，相似度大，样本数据之间的相互影响就大。距离和相似度也用于数据聚类，根据数据点的相似性将数据分类为组或簇，这在机器学习中经常用到。例如，K - means 算法、层次聚类或 DBSCAN（density - based spatial clustering of applications with noise）聚类等算法使用距离度量来识别模式并相应地对数据点进行分组。文献 [15] 列出了 30 种距离测度或相似度的定义，感兴趣的读者可以进一步学习。

许多文献将响应面法（RSM）作为一种灵敏度分析方法。响应面法是通过样本数据得到模型，并用统计的方法对模型进行确认的过程。在这个过程中，要用解析或数值的方法进行灵敏度分析，本质上与回归方法一样。下一章我们会从模型近似的角度讨论响应面法。实际上，在响应面法中，一个重要的步骤是对自变量进行筛选，保留影响大的因素，忽略影响小或没有影响的因素，从而使模型的表达更为简洁。

参 考 文 献

［ 1 ］ SQUIRE W，TRAPPED G. Using complex variables to estimate derivatives of real functions ［J］. SIAM Review，1998，1（1）：100 - 112.

［ 2 ］ VATSA V N. Computation of sensitivity derivatives of Navier Stokes equations using complex variables ［J］. Advances in Engineering Software，2000，31（8 - 9）：655 - 659.

［ 3 ］ HELTON J C，JOHNSON J D，SALLABERRY C J，STORLIE C B. Survey of sampling based methods for uncertainty and sensitivity analysis ［J］. Reliability Engineering & System Safety，2006，91：1175 - 1209.

［ 4 ］ DOUGLAS C MONTGOMERY. 实验设计与分析 ［M］. 北京：人民邮电出版社，2009.

［ 5 ］ SOBOL I M. Global sensitivity indices for nonlinear mathematical models and their Monte Carlo estimates ［J］. Mathematics and Computers in Simulation，2001（55）：271 - 280.

［ 6 ］ TOSHIMITSU HOMMA，ANDREA SALTELLI. Importance measures in global sensitivity analysis of nonlinear models ［J］. Realibility Engineering and system safety，1996（52）：1 - 17.

［ 7 ］ GREENBERG M D. Advanced engineering mathematics ［M］. Prentice Hall，New Jersey，1998.

［ 8 ］ CUKIER R I，FORTUIN C M，SHULER K E，et al. Study of the sensitivity of coupled reaction systems to uncertainties in rate coefficients，I Theory ［J］. Journal of chemistry Physics，1973，59（8）：3873 - 3878.

［ 9 ］ CUKIER R I，LEVINE H B，SHULER K E. Nonlinear sensitivity analysis of multiparameter model systems ［J］. Computing Physics，1975（26）：1 - 42.

［10］ CUKIER R I，SCHAIBLY J H，SHULER K E. Study of the sensitivity of coupled reaction systems to uncertainties in rate coefficients ［J］. III Analysis of the Approximations，Journal of Chemistry and Physics，1975，63（3）：1140.

［11］ WEYL H. Mean motion ［J］. American Journal of mathematics，1938，60：889 - 891.

［12］ SHOUFAN FANG，GEORGE Z GERTNER，SVETLANA SHINKAREVA，et al. Improved generalized Fourier amplitude sensitivity test（FAST）for model assessment ［J］. Statistics and Computing，2003，13：221 - 226.

［13］ GUL S BERNHARD. Parametric uncertainty and global sensitivity analysis in a model of the carotid bifurcation：Identification and ranking of most sensitive model parameters ［J］. Mathematical Biosciences，2015（269）：104 - 116.

［14］ ANDREA SALTELLI，RICARDO BOLADO. An alternative way to computer Fourier amplitude sensitivity test（FAST）［J］. Computational Statistics & Data Analysis，1998（26）：445 - 460.

［15］ https：//blog. csdn. net/weixin_ 60737527/articla/123937115.

第6章 近似模型和代理模型

作为研究对象的运载火箭，其输入和输出的关系往往很难用显性的函数式表达。例如用于概率设计的极限状态函数通常是隐式的，这就严重制约了量化的分析和优化。另外，由于多输入多输出的特性，导致仿真分析计算的规模大，时间成本高，资源投入大。针对这个问题，需要构建一个低成本的近似模型或代理模型，尽可能高精度逼近原始模型，从而为分析计算提供一个折中方案。近似/代理模型建模有许多典型的方法，也解决了特定问题的精度和效率成本的问题，对于全局性的、强非线性复杂问题的建模仍有待深入研究。

6.1 响应面法

响应面法（Response Surface Method，RSM）通常假设所研究的真实系统用下式表示

$$y = f(x) + \varepsilon \tag{6-1}$$

其中，y 是系统的输出或响应量；$x = \{x_1, x_2, \cdots, x_k\}$ 是系统的输入；ε 代表随机的误差，假定 ε 符合正态分布，且均值为 0，标准差为 σ。

这里我们没有刻意定义 y 是标量还是向量，因为这不是必需的，若有必要，我们也可以做出相应的推导。

由于工程问题中的 $f(x)$ 往往很复杂，所以用一个叫做响应面的 $g(x)$ 来近似代表 $f(x)$，也就是

$$\hat{y} = g(x) \tag{6-2}$$

在实际应用时，广泛使用的响应面是用多项式来近似。例如，对于有 k 个输入的问题，我们用 m 次的多项式对原函数 $f(x)$ 近似得到 $\hat{y} = g(x)$［与式（5-42）类似］：

$$\hat{y} = a_0 + \sum_{i=1}^{k} a_i x_i + \sum_{i_1=1}^{k}\sum_{i_2=1}^{k} a_{i_1 i_2} x_{i_1} x_{i_2} + \cdots + \sum_{i_1=1}^{k}\sum_{i_2=1, i_2>i_1}^{k} \cdots \sum_{i_m=1, i_m>i_{m-1}}^{k} a_{i_1 i_2 \cdots i_k} x_{i_1} x_{i_2} \cdots x_{i_m}$$

$$\tag{6-3}$$

若原函数曲率不大，可以用一阶多项式来近似

$$\hat{y} = a_0 + \sum_{i=1}^{k} a_i x_i \tag{6-4}$$

例如，在有三个输入 $x = \{x_1, x_2, x_3\}$ 的情况下，式（6-4）变为

$$\hat{y} = a_0 + a_1 x_1 + a_2 x_2 + a_3 x_3 \tag{6-5}$$

可见，上式中的待定系数有 4 个。

若原函数的曲率比较大，可以用二阶多项式来近似

$$\hat{y} = a_0 + \sum_{i=1}^{k} a_i x_i + \sum_{i_1=1}^{k} \sum_{i_2=1, i_2 > i_1}^{k} a_{i_1 i_2} x_{i_1} x_{i_2} \qquad (6-6)$$

注意式（6-6）中的表达，其实它是包含了平方项的，如在有三个输入 $x = \{x_1, x_2, x_3\}$ 的情况下，式（6-6）变为

$$\hat{y} = a_0 + a_1 x_1 + a_2 x_2 + a_3 x_3 + a_{11} x_1 x_1 + a_{12} x_1 x_2 + \\ a_{13} x_1 x_3 + a_{22} x_2 x_2 + a_{23} x_2 x_3 + a_{33} x_3 x_3 \qquad (6-7)$$

上式中的待定系数有 10 个，上面这些参数可以用最小二乘的回归方法求得。

若用二阶多项式的形式可写成

$$\hat{y} = a_0 + \sum_{i=1}^{k} a_i x_i + \sum_{i_1=1}^{k} \sum_{i_2=1}^{k} a_{i_1 i_2} x_{i_1} x_{i_2} \qquad (6-8)$$

注意和式（6-6）在交叉项上表达的差异。还是以三个输入 $x = \{x_1, x_2, x_3\}$ 的情况为例，则式（6-8）变为

$$\hat{y} = a_0 + a_1 x_1 + a_2 x_2 + a_3 x_3 + a_{11} x_1 x_1 + \boxed{a_{12} x_1 x_2} + \\ a_{13} x_1 x_3 + \boxed{a_{21} x_2 x_1} + a_{22} x_2 x_2 + a_{23} x_2 x_3 + a_{33} x_3 x_3 \qquad (6-9)$$

其中，$\boxed{a_{12} x_1 x_2}$ 和 $\boxed{a_{21} x_2 x_1}$ 可以合并，形成新的 $\boxed{(a_{12} + a_{21}) x_1 x_2}$ 项。所以，无论是式（6-6）还是式（6-8）的表达，其意义是一样的，不同文献有不同的写法。

下面看如何求解待定系数，以式（6-5）为例。

对于 N 次抽样，每一次抽样可以得到 $x^{(i)} = \{x_{i1}, x_{i2}, x_{i3}\}$，$i = 1, 2, \cdots, N$，形成 N 个采样点 $(x^{(i)}, y^{(i)})$。注意，这里是对真实系统的 $f(x)$ 的抽样，所以上面的采样点是 $(x^{(i)}, y^{(i)})$，而不是 $(x^{(i)}, \hat{y}^{(i)})$，而我们希望

$$\begin{cases} \hat{y}^{(1)} = a_0 + a_1 x_1^{(1)} + a_2 x_2^{(1)} + a_3 x_3^{(1)} \\ \hat{y}^{(2)} = a_0 + a_1 x_1^{(2)} + a_2 x_2^{(2)} + a_3 x_3^{(2)} \\ \qquad \cdots \\ \hat{y}^{(N)} = a_0 + a_1 x_1^{(N)} + a_2 x_2^{(N)} + a_3 x_3^{(N)} \end{cases} \qquad (6-10)$$

同时要求下式最小

$$\sum_{i=1}^{N} (y^{(i)} - \hat{y}^{(i)})^2 = \sum_{i=1}^{N} (y^{(i)} - a_0 + a_1 x_1^{(i)} + a_2 x_2^{(i)} + a_3 x_3^{(i)})^2 \qquad (6-11)$$

该式也叫残差平方和，令

$$Q = \sum_{i=1}^{N} (y^{(i)} - \hat{y}^{(i)})^2 = \sum_{i=1}^{N} (y^{(i)} - a_0 + a_1 x_1^{(i)} + a_2 x_2^{(i)} + a_3 x_3^{(i)})^2 \qquad (6-12)$$

对式（6-12）求偏导数

$$\begin{cases} \dfrac{\partial Q}{\partial a_0} = -2\sum_{i=1}^{N}(y^{(i)} - a_0 - a_1 x_1^{(i)} - a_2 x_2^{(i)} - a_3 x_3^{(i)}) = 0 \\[2mm] \dfrac{\partial Q}{\partial a_1} = -2\sum_{i=1}^{N}(y^{(i)} - a_0 - a_1 x_1^{(i)} - a_2 x_2^{(i)} - a_3 x_3^{(i)}) x_1^{(i)} = 0 \\[2mm] \dfrac{\partial Q}{\partial a_2} = -2\sum_{i=1}^{N}(y^{(i)} - a_0 - a_1 x_1^{(i)} - a_2 x_2^{(i)} - a_3 x_3^{(i)}) x_2^{(i)} = 0 \\[2mm] \dfrac{\partial Q}{\partial a_3} = -2\sum_{i=1}^{N}(y^{(i)} - a_0 - a_1 x_1^{(i)} - a_2 x_2^{(i)} - a_3 x_3^{(i)}) x_3^{(i)} = 0 \end{cases} \quad (6-13)$$

为了简化起见，去掉上标 (i)，可以得到

$$\begin{bmatrix} \sum y \\ \sum x_1 y \\ \sum x_2 y \\ \sum x_3 y \end{bmatrix} = \begin{bmatrix} N & \sum x_1 & \sum x_2 & \sum x_3 \\ \sum x_1 & \sum x_1 x_1 & \sum x_1 x_2 & \sum x_1 x_3 \\ \sum x_2 & \sum x_1 x_2 & \sum x_2 x_2 & \sum x_2 x_3 \\ \sum x_3 & \sum x_1 x_3 & \sum x_2 x_1 & \sum x_3 x_3 \end{bmatrix} \begin{bmatrix} a_0 \\ a_1 \\ a_2 \\ a_3 \end{bmatrix} \quad (6-14)$$

或者写成

$$Y = Xa \quad (6-15)$$

其中

$$Y = \begin{bmatrix} \sum y \\ \sum x_1 y \\ \sum x_2 y \\ \sum x_3 y \end{bmatrix}, \quad X = \begin{bmatrix} N & \sum x_1 & \sum x_2 & \sum x_3 \\ \sum x_1 & \sum x_1 x_1 & \sum x_1 x_2 & \sum x_1 x_3 \\ \sum x_2 & \sum x_1 x_2 & \sum x_2 x_2 & \sum x_2 x_3 \\ \sum x_3 & \sum x_1 x_3 & \sum x_2 x_1 & \sum x_3 x_3 \end{bmatrix}, \quad a = \begin{bmatrix} a_0 \\ a_1 \\ a_2 \\ a_3 \end{bmatrix} \quad (6-16)$$

所以，$a = X^{-1} Y$。

可以看到，当输入变量数 k 增加、用来近似的多项式次数 m 增加时，需要求解的工作量和复杂程度将呈指数级增加，因此 RSM 方法适用于低阶、低维的问题，不太适合高维非线性问题。更完整的讨论可见文献 [1]。

6.2　正交多项式法

正交是数学中一个重要的概念。前文也多次讨论到"正交"，这里再简单回顾一下。

（1）向量的正交

在以前学习向量空间时，我们知道，若两个向量 u 和 v 正交，意味着这两个向量 u 和 v 相互垂直，夹角为 $90°$，所以两者的点积（或内积）为

$$\langle u, v \rangle = u \cdot v = 0 \quad (6-17)$$

假如有 k 个向量，$\{u_1, u_2, \cdots, u_k\}$，若其中任意两个向量 u_i 和 u_j 有如下的关系

$$u_i \cdot u_j = 0 \quad i \neq j \quad (6-18)$$

那么，$\{\boldsymbol{u}_1, \boldsymbol{u}_2, \cdots, \boldsymbol{u}_k\}$ 是一个正交基。

三维直角坐标系中的任何一个向量可以表达为

$$\boldsymbol{u} = u_1 \boldsymbol{e}_1 + u_2 \boldsymbol{e}_2 + u_3 \boldsymbol{e}_3 \qquad (6-19)$$

其中

$$\boldsymbol{e}_1 = (1, 0, 0)$$
$$\boldsymbol{e}_2 = (0, 1, 0)$$
$$\boldsymbol{e}_3 = (0, 0, 1)$$

是三个标准正交基。

（2）函数的正交

两个函数 $f(x)$ 和 $g(x)$ 的内积可以表达为

$$\langle f, g \rangle = \int_a^b f(x) g(x) \mathrm{d}x$$

假如 $\langle f, g \rangle = 0$，则函数 f 和 g 是正交的。定义 $\{\vec{e}_1, \vec{e}_2, \cdots, \vec{e}_n\}$ 是一个正交向量集，那么 f 的最好近似就是

$$f \approx \langle f, \vec{e}_1 \rangle \vec{e}_1 + \langle f, \vec{e}_2 \rangle \vec{e}_2 + \cdots + \langle f, \vec{e}_n \rangle \vec{e}_n = \sum_{i=1}^n \langle f, \vec{e}_i \rangle \vec{e}_i \qquad (6-20)$$

也就是 f 在正交向量 $\vec{e}_i$ 上投影之和。

（3）多项式的正交

设 $\{\varphi_1, \varphi_2, \cdots, \varphi_n, \cdots\}$ 是一组多项式函数，如果这组多项式函数中任意两个 φ_i 和 φ_j 满足以下条件

$$\langle \varphi_i, \varphi_j \rangle = \int_a^b \varphi_i(x) \varphi_j(x) \mathrm{d}x = \begin{cases} 0 & i \neq j \\ > 0 & i = j \end{cases} \qquad (6-21)$$

那么，我们称 $\{\varphi_k(x)\}(k = 1, 2, \cdots, n, \cdots)$ 是区间 $[a, b]$ 上的一组正交多项式函数系。当 $\{\varphi_k(x)\}$ 是最高次项系数不为零的 k 次多项式时，则称 $\{\varphi_k(x)\}$ 是 $[a, b]$ 上的 k 次正交多项式函数系。

有几种常见的正交多项式，见表 6-1。

表 6-1　常见的正交多项式

名称	表达式
勒让德（Legendre）多项式	$L_0(x) = 1$ $L_n(x) = \dfrac{1}{2^n n!} \dfrac{\mathrm{d}^n (x^2 - 1)^n}{\mathrm{d}x^n} \quad n = 1, 2, \cdots$
切比雪夫（Chebyshev）多项式	$T_n(x) = \cos(n \arccos x) \quad \begin{matrix} -1 \leqslant x \leqslant 1 \\ n = 0, 1, 2, \cdots \end{matrix}$
拉盖尔（Laguerre）多项式	$U_n(x) = \mathrm{e}^x \dfrac{\mathrm{d}^n (x^n \mathrm{e}^{-x})}{\mathrm{d}x^n} \quad n = 0, 1, 2, \cdots$
埃尔米特（Hermite）多项式	$H_n(x) = (-1)^n \mathrm{e}^{x^2} \dfrac{\mathrm{d}^n (\mathrm{e}^{-x^2})}{\mathrm{d}x^n} \quad n = 0, 1, 2, \cdots$

如果把表 6-1 中的各项展开，可以得到不同多项式的对应递推公式。

勒让德多项式

$$
\begin{cases}
L_0(x) = 1 \\
L_1(x) = x \\
L_2(x) = \dfrac{1}{2}(3x^2 - 1) \\
L_3(x) = \dfrac{1}{2}(5x^3 - 3x) \\
L_4(x) = \dfrac{1}{8}(35x^4 - 30x^2 + 3) \\
L_5(x) = \dfrac{1}{8}(63x^5 - 70x^3 + 15x) \\
\cdots
\end{cases}
\tag{6-22}
$$

切比雪夫多项式

$$
\begin{cases}
T_0(x) = 1 \\
T_1(x) = x \\
T_2(x) = 2x^2 - 1 \\
T_3(x) = 2^2 x^3 - 3x \\
T_4(x) = 2^3 x^4 - 8x^2 + 1 \\
T_5(x) = 2^4 x^5 - 20x^3 + 5x \\
\cdots
\end{cases}
\tag{6-23}
$$

拉盖尔多项式

$$
\begin{cases}
U_0(x) = 1 \\
U_1(x) = -x + 1 \\
\cdots \\
U_{n+1}(x) = (2n + 1 - x)U_n(x) - n^2 U_{n-1}(x) \quad n = 1, 2, \cdots
\end{cases}
\tag{6-24}
$$

埃尔米特多项式

$$
\begin{cases}
H_0(x) = 1 \\
H_1(x) = 2x \\
\cdots \\
H_{n+1}(x) = 2x H_n(x) - 2n H_{n-1}(x) \quad n = 1, 2, \cdots
\end{cases}
\tag{6-25}
$$

设 $(\varphi_1, \varphi_2, \cdots, \varphi_n)$ 是上面任意一种正交多项式基函数，对于任何一个需要被代理的真实系统模型，其输出为 $y(x)$，则 $y(x)$ 可以近似表达为

$$
y(x) = \sum_{i=1}^{n} \beta_i \varphi_i(x)
\tag{6-26}
$$

其中，β_i 是待定系数。

在得到 N 组样本 $(x^{(j)}, y^{(j)})(j = 1, 2, \cdots, N)$ 情况下，有很多种方法可以求解

β_i，前文用过的回归法就是最常用的方法。还有一种投影法（Galerkin）也是比较常用的，感兴趣的读者可以深入学习相关文献。

6.3　支持向量回归

在介绍支持向量回归之前，先阐述一下支持向量机（Support Vector Machine，SVM）的概念。

有两类若干点的数据如图 6-1 所示，分别用"黑点"和"○"表示。直观地看，这两类数据的界线还是很明显的，很自然地，我们想到是否可以用一条直线把这两类点区分开。如果能，这条直线"最佳"是什么样子的？图中的细实线显然不是"最佳"的，"最佳"的直线应该是那些距离每类数据中最近的点元素最远的直线。假设图中的黑实线是我们希望找到的实直线，图中点 1 是"黑点"类点集与粗实线最近的，点 2 是"○"类点集距离粗实线最近的。我们的策略是调整粗实线，使得 d_1 和 d_2 都最大即可，这样就得到了一个最好的支持向量机直线分类器。

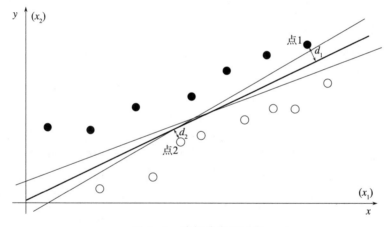

图 6-1　线性分类器示意

我们知道，在二维平面中的一条直线可以表示为 $y = ax + b$。为了表示方便，可以做如下的变换，设 $x = x_1$，$y = x_2$，上面的直线就变成了

$$x_2 = ax_1 + b \tag{6-27}$$

式（6-27）可以进一步表示为

$$\begin{bmatrix} a & -1 \end{bmatrix} \begin{bmatrix} x_1 \\ x_2 \end{bmatrix} + b = 0 \tag{6-28}$$

由于在上式两边乘以任何实数均不会改变等式，可以写出一个更一般的向量表达式

$$\begin{bmatrix} w_1 & w_2 \end{bmatrix} \begin{bmatrix} x_1 \\ x_2 \end{bmatrix} + \gamma = 0 \tag{6-29}$$

或者可以写成

$$\boldsymbol{w}^{\mathrm{T}}\boldsymbol{x} + \gamma = 0 \qquad\qquad (6-30)$$

其中，$\boldsymbol{w}^{\mathrm{T}} = \begin{bmatrix} w_1 & w_2 \end{bmatrix}$，$\boldsymbol{x} = \begin{bmatrix} x_1 \\ x_2 \end{bmatrix}$。

那么，对应于式（6-28），我们有 $\boldsymbol{w}^{\mathrm{T}} = \begin{bmatrix} a & -1 \end{bmatrix}$，$b = \gamma$。由于 a 是直线的斜率，b 是直线的截距，所以 $\boldsymbol{w}^{\mathrm{T}} = \begin{bmatrix} a & -1 \end{bmatrix}$ 控制着直线的方向，γ 控制着直线上下平移的距离，只要调整 a 和 b，也就是调整了 $\boldsymbol{w}^{\mathrm{T}} = \begin{bmatrix} a & -1 \end{bmatrix}$ 和 γ，就可以得到我们希望的实直线。

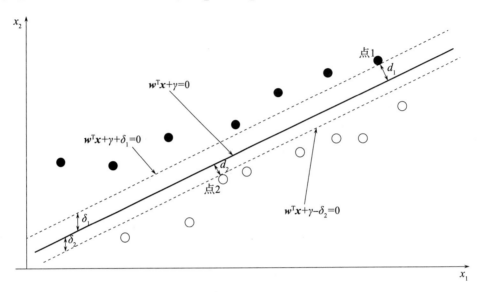

图 6-2 支持向量机分类

图 6-2 中的两条虚线与实直线平行，也是两类点的分界线，虚线的方程可以分别表示为

$$\boldsymbol{w}^{\mathrm{T}}\boldsymbol{x} + \gamma + \delta_1 = 0 \qquad\qquad (6-31)$$
$$\boldsymbol{w}^{\mathrm{T}}\boldsymbol{x} + \gamma - \delta_2 = 0 \qquad\qquad (6-32)$$

按照之前的讨论，若希望图中的 d_1 和 d_2 都最大，自然会想到令 $d_1 = d_2 = d$，$\delta_1 = \delta_2 = \delta$。

对于直线 $w_1 x_1 + w_2 x_2 + \gamma = 0$，图 6-2 中任意一点 (x_1, x_2) 到这条直线的距离为

$$d = \frac{|w_1 x_1 + w_2 x_2 + \gamma|}{\sqrt{w_1^2 + w_2^2}} = \frac{|\boldsymbol{w}^{\mathrm{T}}\boldsymbol{x} + \gamma|}{\|\boldsymbol{w}\|} \qquad\qquad (6-33)$$

图 6-2 中与实直线平行的两条虚线和实直线的距离，相当于虚线上任一点与实直线的距离，即

$$d = \frac{|\boldsymbol{w}^{\mathrm{T}}\boldsymbol{x} + \gamma|}{\|\boldsymbol{w}\|} \qquad\qquad (6-34)$$

于是，使得 $d_1 = d_2 = d$ 最大的问题，就变成了一个使分母 $\|\boldsymbol{w}\| = \sqrt{w_1^2 + w_2^2}$ 最小的问题。以上说的是分类的问题。支持向量分类的 y 的取值只能是 1 或 -1，或者 1 或 0。

下面我们讨论支持向量回归方法（Support Vector Regression，SVR）。支持向量回归

方法的思路源于支持向量机分类。二者的区别是，支持向量回归方法是要找一个代理函数 $y = \hat{f}(x)$ 来近似真实的函数 $f(x)$，其取值是根据拟合函数的变化而变化的，而支持向量分类的 y 值只能是 1 或 -1，或者 1 或 0。支持向量分类是要找到离超平面（图中为实直线）最近样本距离最大的点，而支持向量回归则是要使得离超平面（图中为实直线）最远的样本点（如图 6 - 3 中的点 1 和点 2）的距离最小。支持向量机回归的思想如图 6 - 3 所示。

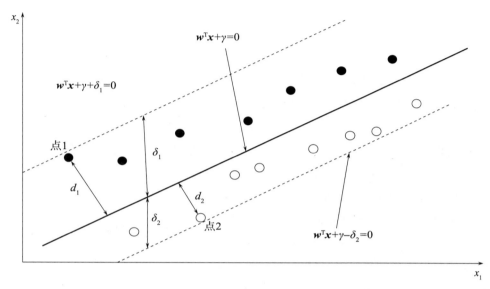

图 6 - 3　支持向量机回归

上面的例子是线性可分的，我们通过一条直线简单地分割两类点。如果是图 6 - 4 所示的情况，我们就无法在二维平面内找到一条直线将两类点分开。

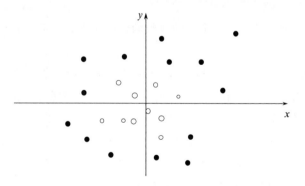

图 6 - 4　支持向量机回归非线性情况

这时，我们可以引入第三个维度，比如 $z = x^2 + y^2$，也就是一个圆的曲线，便可以把这两类点分开了，超平面在 $x - y$ 平面上的投影是一个圆，如图 6 - 5 所示。同样的思路可以用于支持向量回归。

面对更高维度的非线性分类问题，通常会遇到极大的时间消耗。因为每增加一个维

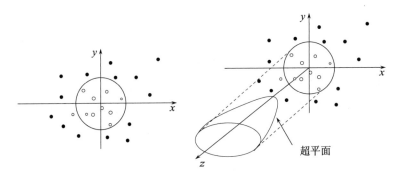

图 6 - 5　支持向量机分类的超平面

度，计算复杂性都会显著增加。为了解决这个问题，支持向量机采用了一种巧妙的方法——核函数，核函数能够在不改变数据的情况下得到一个非线性的分类器。

还是看上面从二维到三维的例子，我们需要用到一个新的空间维度 $z = x^2 + y^2$。设现在两个点的坐标分别为 $X_1 = [x_1, y_1]$，$X_2 = [x_2, y_2]$，用核函数

$$K(X_1, X_2) = X_1 \cdot X_2 = x_1 x_2 + y_1 y_2 \qquad (6-35)$$

这样出来的 K 值仅仅是一个标量，也就是通过内积得到一个标量的表征。

那么假设这两个样本点映射到三维，每个样本点的三维坐标为

$$X_1 = [x_1, y_1, z_1], \quad X_2 = [x_2, y_2, z_2] \qquad (6-36)$$

如果用核函数表征，得到

$$K(X_1, X_2) = X_1 \cdot X_2 = x_1 x_2 + y_1 y_2 + z_1 z_2 \qquad (6-37)$$

我们可以看到，核函数相当于一个高维映射，即只要知道低维的形式或坐标，就可以知道高维度下的值。这个低维到高维的映射有多种形式，其中高斯型的核函数最为常见

$$K(X_1, X_2) = \exp\left(-\frac{\|X_1 - X_2\|^2}{2\sigma}\right) \qquad (6-38)$$

式中，σ 是要预先设定的参数，σ 越小，则映射的维度越大，小到一定程度，维度空间大到无穷。

通过上面的讨论，再回头看看核函数的定义是什么。以二维空间为例，对于向量 X 和 Y，将其映射到新空间的映射函数为 φ，则在新的空间，向量 X 和 Y 分别对应 $\varphi(X)$ 和 $\varphi(Y)$，它们的内积为

$$\langle \varphi(X), \varphi(Y) \rangle = \varphi(X) \cdot \varphi(Y) \qquad (6-39)$$

令函数 $\text{Kernel}(X, Y) = \langle \varphi(X), \varphi(Y) \rangle = \text{Kernel}(X, Y) = \langle X, Y \rangle$，也就是说，$\varphi(X)$ 和 $\varphi(Y)$ 的内积等于 X 和 Y 的内积，满足这样关系的映射函数 φ 就是要找的函数。Kernel 告诉我们，核函数使得一对向量的核函数等价于在变换后空间中计算的这对向量的内积。

于是，我们可以不用关心具体的 φ 是什么映射关系，只需要最后计算 $\text{Kernel}(X, Y) = \langle X, Y \rangle$，就可以得到它们在高维空间的内积。核函数实际上是给出了任意两个向量样本的度量关系。虽然核函数似乎和映射本身没有直接的关系，但选什么样的核函数，实际上就选择了映射关系。通过选择核函数，我们跳过了映射的具体过程，当然也无法显式地给

出那个映射到底是什么。

核函数有多种形式，包括多项式核、高斯径向基核、指数径向基核、多隐层感知核、傅里叶级数核、样条核。在回归模型中，不同的核函数对拟合的结果影响很大。针对支持向量机分类或支持向量回归，通常的做法是将低维数据映射到高维空间，在高维空间找到线性可分的超平面，最后再把高维的超平面映射回低维空间，从而实现支持向量机分类或支持向量回归。引入核函数可以达到升维的目的，同时可以有效控制过度拟合。使用核函数真是一个极其巧妙的思路。

6.4　Kriging 方法

在之前的响应面方法（RSM）中，我们假设模型用 $y(x) = f(x) + \varepsilon$ 来表示，其中，y 是系统的输出或响应量，$x = \{x_1, x_2, \cdots, x_m\}$ 是系统的输入，ε 代表随机的误差。很多学者提出，可以用如下的形式代替原模型

$$y(x) = f(x) + z(x) \tag{6-40}$$

其中，y 是系统的输出或响应量，是未知的，也是我们想用代理模型近似的，$x = \{x_1, x_2, \cdots, x_m\}$ 是系统的输入。$f(x)$ 也是一个多项式模型，它与响应面方法得到的多项式类似，用来代表整体的或全局的对 y 的近似，如图 6-6 所示。很多文献中把 $f(x)$ 用 y 的均值（即一个常值）代替，而 $z(x)$ 为正态分布的随机过程，均值为 0，方差为 σ^2，协方差非 0。$z(x)$ 主要用来局部偏离，以拟合采样的数据点。$z(x)$ 的协方差可以表示为

$$\mathrm{cov}[z(x^{(i)}), z(x^{(j)})] = \sigma^2 R(x^{(i)}, x^{(j)}) \tag{6-41}$$

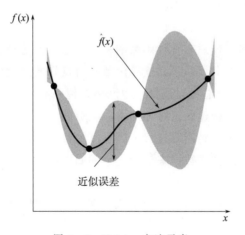

图 6-6　Kriging 方法示意

其中，$R(x^{(i)}, x^{(j)})$ 是 N 个采样点中任意两点 $x^{(i)}$ 和 $x^{(j)}$ 的相关函数，一般情况下它是一个 $N \times N$ 的对称矩阵，且对角线上的值为 1。相关函数有多种形式，其中常用的一种是平方指数函数（或称为高斯相关函数），表达为

$$R(x^{(i)}, x^{(j)}) = \mathrm{e}^{-\sum\limits_{k=1}^{N} \theta_k (x_k^{(i)} - x_k^{(j)})^2} \tag{6-42}$$

$x_k^{(i)}$ 和 $x_k^{(j)}$ 分别代表采样点 $x^{(i)}$ 和 $x^{(j)}$ 的第 k 个分量，θ_k 是未知的用来拟合的待定参数。

对于任意一点 x 的预测响应 $\hat{y}(x)$ 为

$$\hat{y}(x) = \beta + r^{\mathrm{T}} R^{-1} (y - f\beta) \tag{6-43}$$

其中，y 是长度为 N 的列向量，代表 N 次抽样的响应值。如果 $f(x)$ 为常值，y 为长度为 N 的单位向量（即模为 1）。r^{T} 是长度为 N 的向量，表示任意一点 x 和抽样点 $\{x^{(1)}$，$x^{(2)}$，$\cdots$，$x^{(N)}\}$ 的相关性

$$r^{\mathrm{T}} = [R(x, x^{(1)}), R(x, x^{(2)}), \cdots, R(x, x^{(N)})]^{\mathrm{T}} \tag{6-44}$$

方差的估计值为（注意：不是抽样数据的方差）

$$\hat{\sigma}^2 = \frac{(y - f\beta)^{\mathrm{T}} R^{-1} (y - f\beta)}{N} \tag{6-45}$$

通过对下式取最大值

$$-\frac{N\ln(\hat{\sigma}^2) + \ln|R|}{2} \tag{6-46}$$

可以得到 θ_k 的最可能估计。

通过对相关函数 $R(x^{(i)}, x^{(j)}) = e^{-\sum\limits_{k=1}^{N} \theta_k (x_k^{(i)} - x_k^{(j)})^2}$ 取不同的函数，Kriging 方法可以实现"严格尊重抽样的数据"以实现精确的插值，或者是对数据进行平滑，以实现对数据非精确的插值。需要注意的是，Kriging 方法和样条函数还是有差别的，相关的研究可以见文献 [2] 和文献 [3]。

6.5　人工神经网络

人工神经网络具有逼近任意非线性函数的特性[4]。一个选择合适的神经网络，只要有足够多的节点，就能对任意非线性多元连续函数具有良好的逼近能力。换句话说，给定一个未知的非线性函数 $f(\cdot)$，总可以选择一组网络权值系数，使得网络对于 $f(\cdot)$ 的逼近是最优的。与回归方法相比，构建人工神经网络一般有两个步骤：一是确定一个神经网络的架构，二是用数据集对这个神经网络进行训练。从统计学的角度看，这就相当于先确定一个回归模型，然后用给定的抽样数据来估计这个回归模型的参数[5]，二者的思路竟然惊人地相似。

对照生物神经元模型，可以构造抽象的人工神经元模型，如图 6-7 所示。图中所示神经元有 n 个输入，$x0 = \{x_1, x_2, \cdots, x_n\}^{\mathrm{T}}$，权值 $W = \{w_1, w_2, \cdots, w_n\}^{\mathrm{T}}$ 控制着每个输入对单元的影响。f 是某一个函数，很多情况下，f 也叫激活函数，输出 y 则等于以 $x_1 w_1 + x_2 w_2 + \cdots + x_n w_n$ 为自变量的函数 f，即

$$y = f(x_1 w_1 + x_2 w_2 + \cdots + x_n w_n) \tag{6-47}$$

用若干个神经元就可以构成一个神经网络。图 6-8 所示是一个由 3 层 6 个神经元组成的神经网络，包括输入层、隐含层和输出层。输入层有 3 个神经元，仅对数据信息进行传递，对数据不进行任何变换；第二层为隐含层，有 2 个神经元，对输入信息进行空间映

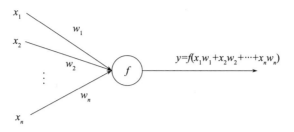

图 6-7　神经元模型示意

射变换；第三层为输出层，有一个神经元，它对隐含层输出的信息进行线性加权后输出。对于如图 6-8 所示的神经网络，我们可以认为是一个三层网络，但在多层网络中，输入层的神经元大多数情况下仅仅被认为是输入节点。

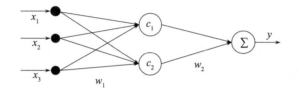

图 6-8　神经元组成的神经网络

在图 6-8 中有两层权重 w_1 和 w_2。输入层的每个神经元与下一层（隐含层）中的神经元相连接，隐含层的每一个神经元只与输出层的神经元相连接，每个层内的神经元无连接，这种网络拓扑结构称为前馈网络（feed forward network）。当层间也存在连接时，我们称之为分层网络（layered network）。当然也还有一些其他的定义。

一般情况下，将抽样点 $\boldsymbol{x} = \{x_1, x_2, \cdots, x_n\}^{\mathrm{T}}$ 输入到网络，每个输入 x_i（$i = 1$，$2, \cdots, n$）点后连接到每个隐藏单元 c_j（$j = 1, 2, \cdots, k$），而每个隐藏单元 c_j 都连接到 m 个输出单元的任一个。一组输入 $\boldsymbol{x} = \{x_1, x_2, \cdots, x_n\}^{\mathrm{T}}$，对应一组响应输出 $\boldsymbol{y}$，而 $\boldsymbol{y}$ 与理想值或目标值 t 之间有一个误差 e，这个误差表达了实际输出与期望输出之间的差异。若有 N 组抽样点，则可以重复 N 次这个过程，得到整个过程的平均误差 E

$$E = \frac{1}{N} \sum_{l=1}^{N} \mathrm{e}^{(l)} \tag{6-48}$$

于是根据式（6-48）的信息，需要网络给每一个权重 w_1 和 w_2 中的每一个元素重新调整赋值，注意这里 w_1 有 $n \times k$ 个元素，w_2 有 $k \times m$ 个元素（图 6-8 中 $m = 1$），一共有 $n \times k + k \times m$ 个权重。在调整权重时，要计算所有的偏导数 $\frac{\partial E}{\partial w_l}$，$l = (1, 2, \cdots, n \times k + k \times m)$，从而实现误差逆向传播（Back Propagation，BP）。

每个神经元的阈值函数是多种多样的，常用的有 Sigmoid 函数和径向基核函数。
Sigmoid 函数表达为

$$S = \frac{1}{1 + \mathrm{e}^{-cx}} \tag{6-49}$$

其中，c 为函数的坡度，若 c 相对比较大，那么这个函数就越接近阶跃函数，如图 6 - 9 所示。

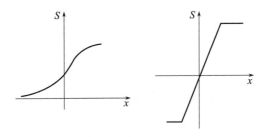

图 6 - 9　阈值函数示例

径向基核函数是一个取值仅依赖于到某点距离的实值函数，如图 6 - 10 所示。一般地，这个点是原点或某个中心点，径向基核函数的表达式为

$$\Phi(\|\boldsymbol{x} - x_c\|) = \exp\left(-\frac{\|\boldsymbol{x} - x_c\|^2}{2\sigma^2}\right) \tag{6-50}$$

其中，x_c 是核函数的中心；σ 是核函数的宽度或标准差，它控制着核函数的径向作用范围。

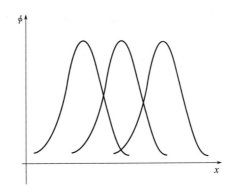

图 6 - 10　径向基核函数示例

径向基核函数网络的典型结构如图 6 - 11 所示。以神经元输入与中心向量的距离作为激活函数自变量，径向基核函数（如高斯径向基函数）作为激活函数，中心点的选择是网络确定的关键环节。神经元输入离基函数中心越远，神经元的激活程度就越低。

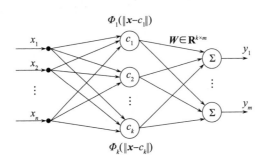

图 6 - 11　径向基核函数神经网络结构图

求解径向基核函数的参数有三个，即基函数的中心、方差 σ 以及隐含层到输出层的权值 w。一般有下面三种方法：

（1）自组织选取中心学习法

第一步，无监督学习，选取 h 个中心做 K – Means 聚类，得到中心。对于高斯径向基函数

$$\sigma_i = \frac{C_{\max}}{\sqrt{2h}} \quad i = 1, 2, \cdots, h \tag{6-51}$$

其中，$C_{\max}$ 为所选中心点之间的最大距离。

第二步，有监督学习，求解隐含层到输出层之间的权值。隐含层到输出层之间的权值可以用最小二乘法直接计算得到。即损失函数取 w 的偏导数，令其为 0，可以得到

$$w_i = \exp\left(\frac{h}{C_{\max}^2} \| \boldsymbol{x}_p - c_i \|^2\right) \quad i = 1, 2, \cdots, h ; p = 1, 2, \cdots, H \tag{6-52}$$

（2）直接计算法

隐含层神经元的中心随机在输入样本中选取确定，中心一旦固定，隐含层神经元的输出便是已知的了；这样，连接的权值就可以通过求解线性方程组的方式确定，适用于样本数据有明显特征的情况。

（3）有监督学习法

通过误差逆向传播，进行误差的修正和调整学习。

6.6　小结

本章介绍了响应面法、多项式回归、Kriging 方法、支持向量回归和神经网络法。从本质上讲，通过分析输入变量和输出变量（或目标变量）之间的关系，找到最接近真实函数 $f(x)$ 的函数 $h(x)$，这些方法均可以笼统地称之为回归。$h(x)$ 是建立在抽样数据基础上对 $f(x)$ 的假设，所以也叫曲线拟合。正如图 6-12 中所示 3 种不同的假设，似乎 h_3 最好，但这也仅仅是在有限抽样数据的基础上得到的，如何使得 $h(x)$ 在所有可能的数据点情况下都表现得完美，就是以上这些方法追求的目标：我们希望拟合曲线 $h(x)$ 不仅能记住输入和输出的关系，还有概括能力，如不能拟合过度，以便能对它没有遇到的输入有正确适当的响应能力（即预测能力），等等。

从本章可以看到，正交和核函数是两个常用工具。特别是核函数，是升维的一个重要手段，让我们能从高维看数据。建模分析的另一种重要手段是降维，降维可以减小模型的复杂度，提高模型的性能和效率。前文没有涉及这一点，降维的主要方法有主成分分析（PCA）、独立成分分析（ICA）、奇异值分解（SVD）、随机投影（Random Projection）等，感兴趣的读者可以进一步学习。

除了之前介绍的回归方法外，还有一些其他的改进方法，这里再做一个简要的归纳。

在线性回归的基础上拓展，可以得到岭回归（Ridge Regression）。我们知道，线性回归（Linear Regression）是寻找最佳拟合的直线或超平面 $y = \beta x + \varepsilon$，使得拟合值与实际

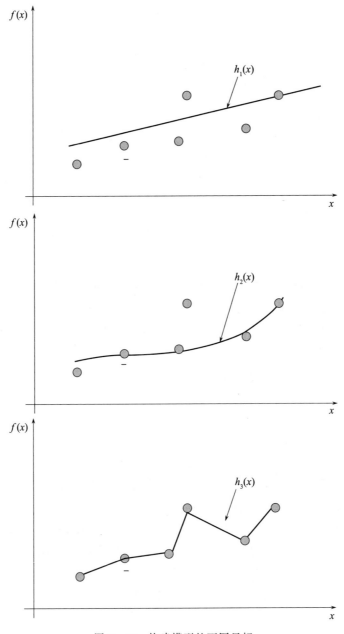

图 6 - 12　构建模型的不同目标

值之间的残差最小，而最佳的拟合是通过使得残差平方最小来实现的。岭回归的核心思想是通过引入一个由 λ 控制的惩罚项来解决普通线性回归中过拟合的问题。这个惩罚项采用 L_2 范数的正则化形式，λ 越大，惩罚项的作用越大。例如，岭回归模型可以为 $\min(\|y - \beta x\|_2^2 + \lambda\|\beta\|_2^2)$，其中 β 是模型的待求参数。Lasso 回归模型是在岭回归模型的基础上的一个变种，表达式为 $\min(\|y - \beta x\|_2^2 + \lambda\|\beta\|_1)$，用 L_1 范数使得待求参数尽可能小。弹性网络回归（Elastic Net Regression）则是将岭回归和 Lasso 回归进行结合。

在非参数回归方面，决策树回归（Decision Tree Regression）是基于树形结构的非参数回归，其核心思想是把数据空间划分为多个区域，每个区域选择一个常值作为拟合值。如何划分区域并使得每个区域内样本的方差（或其他指标）最小，是该方法成功与否的关键[6]。

随机森林回归（Random Forest Regression）是基于集成学习的方法，核心是集成多个决策树，通过对每个决策树的拟合结果投票或平均来得到最终的拟合值。

梯度提升回归（Gradient Boosting Regression）也是基于集成学习的一种方法，核心是利用梯度下降优化算法来训练多个弱回归模型（如之前的决策树模型），每个模型的训练都是在前一个模型残差基础上进行的，以逐步减小模型预测的残差。

最近邻回归（K - Nearest Neighbors Regression，KNN）的核心是找到与待拟合样本最相似的 K 个邻居，采用这 K 个邻居的平均值（或加权平均值）作为拟合。相似性通常用距离来衡量（距离测度在第 5 章讨论过）。拟合过程中，离最近邻居的距离越近，权重越大。

机器学习方法中的神经网络、基于案例的推理、遗传算法、规则归纳学习，还有分析学习等，都是可以用来进行模型分析的。机器学习方法的内容还有很多，详细的内容可以参见文献 [7 — 9]。

参 考 文 献

［1］　MYERS R H, MONTGOMERY D C. Response Surface Methodolgy: Process and Product Optimization Using Designed Experiments ［M］. New York: Wiley, 1995.

［2］　SIMPSON T W, POPLINSKI J D, KOCH P N, ALLEN J K. Metamodels for Computer - based Engineering Design: Survey and recommendations ［J］. Engineering with Computers, 2001 (17): 129 - 150.

［3］　LASLETT G M. Kriging and splines: An empirical comparison of their predictive performance in some applications ［J］. Journal of the American Statistical Association, 1994, 89 (426): 391 - 400.

［4］　RUMELHART D E, WIDROW B, LEHR M A. The basic ideas in neural networks ［J］. Communications of the ACM, 1994, 37 (3): 87 - 92.

［5］　CHENG B, TITTERINGTON D M. Neural networks: A review from a statistical perspective ［J］. Statistical Science, 1994, 9 (1): 2 - 54.

［6］　EVANS B, FISHER D. Overcoming process delays with decision tree induction ［J］. IEEE Expert, 1994, 9 (February): 60 - 66.

［7］　MEHRYET M, ROSTAMIZSDEN A, TALWALKER A. Foundations of Machine Learning ［M］. Cambridge, MA: MIT Press, 2012.

［8］　MURPHY K P. Machine Learning: Probabilistic Prospective ［M］. MA: MIT Press, 2012.

［9］　MARSLAND S. Machine learning: An Algorithmic Perspective ［M］. United Kingdom: Chapman and Hall, CRC, 2012.

第7章 概率不确定性分析

概率不确定性分析是进行概率设计的前提和基础。在一系列随机不确定性输入参数的作用下，只有获取系统输出的性能或响应特征，才能通过调整优化、参数控制实现满足概率设计要求的目标。本章介绍几种典型的概率不确定性分析方法。

7.1 基于抽样的仿真法

对于诸如 $y = g(x)$，$x = \{x_1, x_2, \cdots, x_n\}$ 的不确定性分析问题来说，基于抽样的仿真方法的基本步骤是，选择确定随机变量 $x = \{x_1, x_2, \cdots, x_n\}$ 各自的分布，按照相应的分布产生样本集合，用产生的样本集合进行仿真，确定输出 $y = g(x)$ 的特性。具体的抽样方法可以用蒙特卡洛方法（也叫简单随机抽样法）、重要性抽样（importance sampling）方法、自适应抽样（adaptive sampling）方法等。

同样的思路在火箭设计中也可以采用。以极限状态方程 $g(x)$ 为例，$g(x)$ 既可以代表结构上强度应力之差，也可以是控制系统中幅值裕度或相位裕度与要求值之差。对随机变量 x 进行抽样，获得在不同 x 情况下的 $g(x)$。若满足 $g(x) < 0$，则定为失效。记失效次数为 N_f，总的抽样次数为 N，则总的失效概率可以近似为

$$P_f = \frac{N_f}{N} \tag{7-1}$$

在上述方法中，按照一定的概率分布产生所需的输入变量是抽样的关键步骤之一。一个常用的办法是逆变换方法。假如随机变量 x_i 的累计概率分布函数是 $F(x_i)$，按照定义，如果 v_i 是区间 $[0, 1]$ 上的均匀分布的随机数，则可以令

$$F(x_i) = v_i \tag{7-2}$$

于是

$$x_i = F^{-1}(v_i) \tag{7-3}$$

这种方法用于 $F(x_i)$ 已知的情形。在很多情况下，$F(x_i)$ 可能有不同的来源，如不同专家的经验，或不同源的数据统计。这时，就可以对这些"意见"进行平均，如图 7-1 所示[1]。

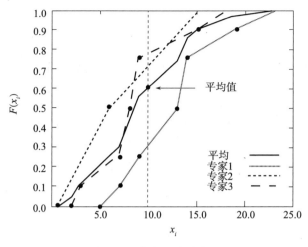

图 7 - 1　专家经验平均法

7.2　局部展开法

假设极限状态方程为 $g(x)$，则 $g(x) < 0$ 的概率记为失效概率

$$p_f = \int_{-\infty}^{0} f_g(g) \mathrm{d}g \tag{7-4}$$

工程上，$g(x)$ 往往没有显性的表达式，或者由于多维、非线性会导致失效概率的计算非常困难。此时，我们会自然想到用局部展开的方法来简化积分的计算。通过一阶或二阶泰勒级数展开来近似系统的极限状态函数 $g(x)$，也称为摄动法。当取一阶项近似，对应的方法为一阶可靠性方法（First Order Reliability Method，FORM），假如取二阶项近似，对应的为二阶可靠性方法（Second Order Reliability Methods，SORM）。再进一步，假如取更高阶项，对应的为高阶可靠性方法（High - order Reliability Methods，HORM）。当用一阶或二阶的泰勒级数方法来估计可靠度时，这两种方法又分别叫做一次二阶矩（First Order Second Moment，FOSM）和二次二阶矩（Second Order Second Moment，SOSM）。FOSM 有时也叫做均值法（Mean Value First Order Second Moment，MVFOSM）。

局部展开法一般是在均值点处进行的局部展开，FOSM 实现起来相对简单，但非线性比较强时，其精度不可接受。

我们先看一下单变量的情况。设 $y = g(x)$，把 $y = g(x)$ 在 x 的均值 $\mu_x = \overline{x}$ 处展开

$$g(x) = g(\mu_x) + \left.\frac{\mathrm{d}g(x)}{\mathrm{d}x}\right|_{x=\mu_x}(x - \mu_x) + \left.\frac{\mathrm{d}g^2(x)}{\mathrm{d}x^2}\right|_{x=\mu_x}\frac{(x-\mu_x)^2}{2} + \cdots \tag{7-5}$$

若仅取一阶项，则

$$\widetilde{g}(x) \approx g(\mu_x) + \left.\frac{\mathrm{d}g(x)}{\mathrm{d}x}\right|_{x=\mu_x}(x - \mu_x) \tag{7-6}$$

多变量的情况下，设随机变量 $x = \{x_1, x_2, \cdots, x_n\}$，$\{\overline{x}_1, \overline{x}_2, \cdots, \overline{x}_n\}$ 是 $\{x_1, x_2, \cdots, x_n\}$ 的均值，将 $g(x)$ 在 $\{\overline{x}_1, \overline{x}_2, \cdots, \overline{x}_n\}$ 点展开，并取一次项可以得到

$$\widetilde{g}(x) \approx g(\overline{x}_1, \overline{x}_2, \cdots, \overline{x}_n) + \sum_{i=1}^{n} \frac{\partial g}{\partial x_i} \big|_{\overline{x}_i} (x_i - \overline{x}_i) \tag{7-7}$$

简化一下上面的表达式，得到

$$\widetilde{g}(x) \approx g(\mu_x) + \sum_{i=1}^{n} \frac{\partial g}{\partial x_i} \big|_{\mu_{xi}} (x_i - \mu_{xi}) \tag{7-8}$$

其中，$\mu_x = \{\overline{x}_1, \overline{x}_2, \cdots, \overline{x}_n\}$，$\mu_{xi} = \overline{x}_i$。

若 $x = \{x_1, x_2, \cdots, x_n\}$ 是独立的正态分布，即 $x \sim N(\mu_x, \sigma_x^2)$，由于 $g(x)$ 在 $\{\overline{x}_1, \overline{x}_2, \cdots, \overline{x}_n\}$ 处展开后近似是线性的，其分布也近似是正态分布的，相应地

$$g(x) \sim N(\mu_g, \sigma_g^2)$$

其中

$$\mu_g = g(\mu_x)$$

$$\sigma_g^2 = \sum_{i=1}^{n} \left(\frac{\partial g}{\partial x_i} \right)^2 \sigma_{x_i}^2$$

我们以结构设计为例，引入极限状态的概念，定义

$$g(x) = r(x) - s(x) \tag{7-9}$$

假设强度 r 和载荷 s 为正态分布且不相关，由于极限状态方程是线性的，所以极限状态函数 $g(x)$ 的概率密度函数为

$$f_g(g) = \frac{1}{\sigma_g \sqrt{2\pi}} e^{-\frac{1}{2} \left(\frac{g - \mu_g}{\sigma_g} \right)^2} \tag{7-10}$$

由于失效概率定义为

$$p_f = \int_{-\infty}^{0} f_g(g) \mathrm{d}g \tag{7-11}$$

所以

$$p_f = \int_{-\infty}^{0} \frac{1}{\sigma_g \sqrt{2\pi}} e^{-\frac{1}{2} \left(\frac{g - \mu_g}{\sigma_g} \right)^2} \mathrm{d}g \tag{7-12}$$

当极限密度函数 $g(x) = 0$ 时，失效概率

$$p_f = \int_{-\infty}^{0} \frac{1}{\sigma_g \sqrt{2\pi}} e^{-\frac{1}{2} \left(\frac{0 - \mu_g}{\sigma_g} \right)^2} \mathrm{d}g = \int_{-\infty}^{0} \frac{1}{\sigma_g \sqrt{2\pi}} e^{-\frac{1}{2}\beta^2} \mathrm{d}g \tag{7-13}$$

$$= 1 - \Phi(\beta) = \Phi(-\beta)$$

其中，$\Phi(\cdot)$ 是标准正态累计分布函数，且 $\beta = \dfrac{\mu_g}{\sigma_g}$。

我们看文献 [2] 给出的一个例子。一个简支梁如图 7-2 所示，在其中点的位置施加一个集中力 F，梁的长度是 L，W 是截面的弹性模量，T 是应力，设四个变量都是独立的正态分布，F，L，W，T 的均值分别是 10 kN，8 m，1×10^{-4} m³ 和 6×10^5 kN/m²，其标

准差分别为 $2\ \text{kN}$，$0.1\ \text{m}$，$2\times 10^{-5}\ \text{m}^3$ 和 $10^5\ \text{kN/m}^2$。设极限状态函数为

$$g(F,L,W,T)=WT-\frac{FL}{4} \tag{7-14}$$

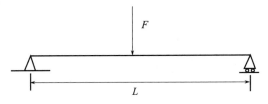

图 7-2　简支梁示例[2]

采用直接计算的方法，得到

$$\mu_g=\mu_w\mu_T-\frac{1}{4}\mu_F\mu_L=40$$

$$\mu_g^2=\left(\mu_w\mu_T-\frac{1}{4}\mu_F\mu_L\right)^2=1\ 600$$

$$\sigma_g=\sqrt{E(g^2)-\mu_g^2}=\frac{1}{4}\sqrt{\mu_F^2\sigma_L^2+\mu_L^2\sigma_F^2+\sigma_F^2\sigma_L^2+16(\mu_w^2\sigma_T^2+\mu_T^2\sigma_w^2+\sigma_T^2\sigma_w^2)}=16.250\ 1$$

注意，在上面的直接计算法中，用到了下面的推导，即 g 的方差为 $V(g)=\sigma_g^2$，且

$$
\begin{aligned}
V(g)&=E\big[(g-\mu_g)^2\big]=E(g^2-2g\mu_g+\mu_g^2)\\
&=E(g^2)-2E(g)E(\mu_g)+E(\mu_g^2)\\
&=E(g^2)-2\mu_g\mu_g+\mu_g^2\\
&=E(g^2)-\mu_g^2
\end{aligned}
\tag{7-15}
$$

于是

$$\beta=\frac{\mu_g}{\sigma_g}=2.461\ 53 \tag{7-16}$$

查表 $\varphi(-2.4)=0.008\ 2$，$\varphi(-2.5)=0.006\ 2$，所以，失效概率约为

$$\varphi(-\beta)=\varphi(-2.461\ 53)=0.007$$

用一次二阶矩法计算，将 g 在均值（$\overline{F}$，$\overline{L}$，$\overline{W}$，$\overline{T}$）处展开，取一阶导数项

$$\widetilde{g}(F,L,W,T)=\left.\left(WT-\frac{FL}{4}\right)\right|_{\overline{W},\overline{T},\overline{F},\overline{L}}+$$

$$\left.\frac{\partial g}{\partial W}\right|_{\overline{w}}(W-\overline{W})+\left.\frac{\partial g}{\partial T}\right|_{\overline{T}}(T-\overline{T})+\left.\frac{\partial g}{\partial F}\right|_{\overline{F}}(F-\overline{F})+\left.\frac{\partial g}{\partial L}\right|_{\overline{L}}(L-\overline{L})$$

其中

$$\mu_{\widetilde{g}}\approx\left.\left(WT-\frac{FL}{4}\right)\right|_{\overline{W},\overline{T},\overline{F},\overline{L}}$$

$$\sigma_{\widetilde{g}}^2=\left.\left(\frac{\partial g}{\partial W}\right)^2\right|_{\overline{w}}\sigma_w^2+\left.\left(\frac{\partial g}{\partial T}\right)^2\right|_{\overline{T}}\sigma_T^2+\left.\left(\frac{\partial g}{\partial F}\right)^2\right|_{\overline{F}}\sigma_F^2+\left.\left(\frac{\partial g}{\partial L}\right)^2\right|_{\overline{L}}\sigma_L^2$$

可以计算

$$\beta = \frac{\mu_{\widehat{g}}}{\sigma_{\widehat{g}}} = 2.48$$

这个值与式（7-16）的 $\beta = \frac{\mu_g}{\sigma_g} = 2.46153$ 相比还是比较接近的。

针对一次二阶矩方法有两个问题需要关注。

第一个问题是在极限状态函数的非线性比较强时，这个方法误差较大。比如下面的例子：

$$g(x_1, x_2) = x_1^3 + x_2^3 - 18$$

其中，假设 x_1 和 x_2 的均值都为 10，标准差均为 5，此时

$$\mu_{\overline{g}} = g(\overline{x}_1, \overline{x}_2) = 1982.0$$

$$\sigma_{\overline{g}} = \sqrt{\left(\frac{\partial g}{\partial x_1}\bigg|_{x_1} \sigma_{x_1}\right)^2 + \left(\frac{\partial g}{\partial x_2}\bigg|_{x_2} \sigma_{x_2}\right)^2} = 2121.32$$

$$\beta = \frac{\mu_{\overline{g}}}{\sigma_{\overline{g}}} = 0.9343$$

而一百万次蒙特卡洛方法给出的结果是 $\beta = 2.5412$，其对应的概率是 0.005542，与直接计算法的差别还是很大的。在强非线性的情况下，一次二阶矩方法给出的结果是无法接受的。

第二个需要关注的问题是，在表达同样意义的极限状态函数时，如果采用不同的表达方式，所得的结果有可能不一样。比如，以下两个极限状态函数

$$g(F, L, W, T) = WT - \frac{FL}{4}$$

$$g(F, L, W, T) = T - \frac{FL}{4W}$$

在物理意义上是一样的，即等价的，只是表达形式不同。

用一次二阶矩方法计算后者得到 $\beta = 3.48$，与前者的计算结果有一定的差别。用后面提到的 Hasofer 和 Lind 方法可以解决这个问题。

7.3　最大可能点法

与局部展开法类似，这个方法也是通过一阶或二阶泰勒级数展开来近似系统的性能函数 $g(x)$。与局部展开法不同的是，该方法是在最大可能点（Most Probable Point，MPP）展开[3]，而不是在设计的均值点附近展开。

最大可能点是不确定性分析中的一个重要概念，它最初是在结构可靠性设计中被提出来的。在进行可靠性设计和失效概率估算时，最大可能点是一个重要的设计点。

下面以结构的极限函数为例来了解一下最大可能点的定义。设极限函数为

$$g(R(x), S(x)) = R(x) - S(x) \tag{7-17}$$

当极限函数 $g(R(x)$，$S(x)) = R(x) - S(x) = 0$ 时，表示在由 $R(x)$ 和 $S(x)$ 组成的

直角坐标系中的一条过原点的直线，如图 7 - 3 所示。

当 $R(x)$ 和 $S(x)$ 为正态分布时，Hosfer 和 Lind 提出先做如下的变换（即标准化）

$$\hat{R}(x) = \frac{R(x) - \mu_R}{\sigma_R} \tag{7-18}$$

$$\hat{S}(x) = \frac{S(x) - \mu_S}{\sigma_S} \tag{7-19}$$

其中，μ_R，σ_R 分别是 $R(x)$ 的均值和标准差；μ_S，σ_S 分别是 $S(x)$ 的均值和标准差。

将式（7-18）和式（7-19）代入极限函数式（7-17），得到

$$g(R(\hat{R}), S(\hat{S})) = \hat{g}(\hat{R}, \hat{S}) = \hat{R}\sigma_R + \mu_R - \hat{S}\sigma_S - \mu_S \tag{7-20}$$
$$= \hat{R}\sigma_R - \hat{S}\sigma_S + (\mu_R - \mu_S)$$

极限函数 $g(R(x), S(x)) = R(x) - S(x) = 0$，实际上也是式（7-20）为 0，即

$$g(R(\hat{R}), S(\hat{S})) = \hat{g}(\hat{R}, \hat{S}) = \hat{R}\sigma_R - \hat{S}\sigma_S + (\mu_R - \mu_S) = 0 \tag{7-21}$$

式（7-21）表达的直线，与 $g(R(x), S(x)) = R(x) - S(x) = 0$ 实际上是同一条直线，只不过是用坐标 $\hat{R}$ 和 $\hat{S}$ 来表示的，相当于把坐标原点由 o 移到了 $\hat{o}$。注意，$\hat{o}$ 点在原坐标系中的坐标为 (μ_S, μ_R)。

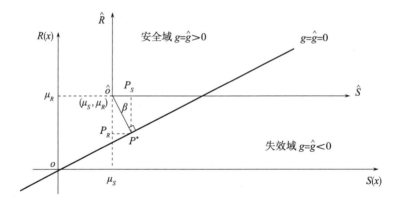

图 7 - 3　最大可能点 MPP 示意

图 7 - 3 中的 β 是 $\hat{o}$ 点到失效面 $g = \hat{g} = 0$ 的最短距离，表征了 $R(x)$、$S(x)$ 同为均值时 $\hat{o}$ 点到失效面的距离，因此成为结构是否安全的一个表征，也叫安全指数（safety index）。

还记得我们之前学过的：

在平面直角坐标系中，点 $P(x_0, y_0)$ 到直线 $Ax + By + C = 0$ 的距离为

$$d = \frac{|Ax_0 + By_0 + C|}{\sqrt{A^2 + B^2}}$$

对照式（7-21）可以得到，在以 $\hat{o}$ 为原点的坐标系中，原点 $\hat{o}(0, 0)$ 到直线 $\hat{R}\sigma_R - \hat{S}\sigma_S + (\mu_R - \mu_S) = 0$ 的距离为

$$\beta = \frac{\mu_R - \mu_S}{\sqrt{\sigma_R^2 + \sigma_S^2}} \tag{7-22}$$

在图 7-3 中，β 所对应的最短距离点 P^* 就是最大可能点 MPP，P^* 在以 $\hat{o}$ 为原点的坐标系中的坐标为 (P_S, P_R)，β 的计算式为

$$\beta = \sqrt{P_S^2 + P_R^2} = \parallel P^* \parallel_2 \tag{7-23}$$

在更一般的情况下，$g(x) = g(x_1, x_2, \cdots, x_n)$，将每一个变量进行标准化，得到

$$u_i = \frac{x_i - \mu_{x_i}}{\sigma_{x_i}} \tag{7-24}$$

式中，μ_{x_i} 和 σ_{x_i} 分别是 x_i 的均值和标准差，新得到的变量 u_i 符合标准的正态分布，其均值和标准差分别为 0 和 1。

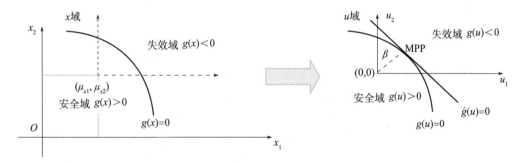

图 7-4　x 域到 u 域变换后的最大可能点 MPP

在新的 u 空间，$\beta = \parallel u \parallel_2$，具体到图 7-4 的二维示意图中，$\beta = \sqrt{u_1^2 + u_2^2}$。

因此，寻找安全指数 β，实际上是在标准正态分布的空间里找到线性化后的极限状态函数上离原点最近的一个点。寻找 β 的过程，本质上是一个寻优的过程。由于最大可能点在失效曲线 $\hat{g}(u) = 0$ 上，需要满足这个约束条件，于是，优化问题可以表示为：

目标：$\min\beta = \min \parallel u \parallel_2$，满足约束：$\hat{g}(u) = 0$。

如何求解这个优化问题呢？可以有很多种基本的优化方法，如罚函数法、拉格朗日乘子法等，Hasofer 和 Lind 则提出了一种迭代方法[4]。我们看下面一个例子。

设极限状态方程 $g(x) = g(x_1, x_2, x_3) = 0$，其中 x_1, x_2, x_3 的均值和标准差分别为 $(\mu_{x_1}, \sigma_{x_1})$、$(\mu_{x_2}, \sigma_{x_2})$、$(\mu_{x_3}, \sigma_{x_3})$，将 x_1, x_2, x_3 进行标准化，若 x 服从 $N(\mu, \sigma^2)$ 的正态分布，通过如下变换，得到的随机变量为

$$u_i = \frac{x_i - \mu_{x_i}}{\sigma_{x_i}}, \quad i = 1,2,3 \tag{7-25}$$

于是

$$x_i = u_i \sigma_{x_i} + \mu_{x_i}$$

代入 $g(x) = g(x_1, x_2, x_3) = 0$ 得到

$$g(u) = g(u_1\sigma_{x_1} + \mu_{x_1}, u_2\sigma_{x_2} + \mu_{x_2}, u_3\sigma_{x_3} + \mu_{x_3}) = 0 \tag{7-26}$$

如图 7-4 所示，变化后的原点到极限状态方程的 $g(u) = 0$ 的法向会产生交点 P^*，即

最大可能点，从原点到 MPP 的距离即安全指数 β，将 $g(u)$ 在 MPP 点展开，取一阶项，可以得到

$$\hat{g}(u) = g(u^*) + \frac{\partial g(u)}{\partial u_1}\bigg|_{u^*}(u_1 - u_1^*) + \frac{\partial g(u)}{\partial u_2}\bigg|_{u^*}(u_2 - u_2^*) + \frac{\partial g(u)}{\partial u_3}\bigg|_{u^*}(u_3 - u_3^*)$$

$$(7-27)$$

由于

$$\frac{\partial \hat{g}(u)}{\partial u_i} = \frac{\partial g(x)}{\partial x_i}\sigma_{x_i} \left(\text{注意} : u_i = \frac{x_i - \mu_{x_i}}{\sigma_{x_i}}\right) \tag{7-28}$$

参照原点（0，0）到直线的距离公式，$d = \dfrac{|Ax_0 + By_0 + C|}{\sqrt{A^2 + B^2}} = \dfrac{|C|}{\sqrt{A^2 + B^2}}$，则

$$\beta = \frac{g(u^*) - \dfrac{\partial g(x)}{\partial x_1}\bigg|_{x^*}\sigma_{x_1}u_1^* - \dfrac{\partial g(x)}{\partial x_2}\bigg|_{x^*}\sigma_{x_2}u_2^* - \dfrac{\partial g(x)}{\partial x_3}\bigg|_{x^*}\sigma_{x_3}u_3^*}{\sqrt{\left(\dfrac{\partial g(x)}{\partial x_1}\bigg|_{x^*}\sigma_{x_1}\right)^2 + \left(\dfrac{\partial g(x)}{\partial x_2}\bigg|_{x^*}\sigma_{x_2}\right)^2 + \left(\dfrac{\partial g(x)}{\partial x_3}\bigg|_{x^*}\sigma_{x_3}\right)^2}} \tag{7-29}$$

法线 oP^* 的方向余弦为

$$\cos\theta_{x_i} = \cos\theta_{u_i} = -\frac{\dfrac{\partial g(u)}{\partial u_i}\bigg|_{u^*}}{|\nabla g(u^*)|}$$

$$= -\frac{\dfrac{\partial g(x)}{\partial x_i}\bigg|_{x^*}\sigma_{x_i}}{\sqrt{\left(\dfrac{\partial g(x)}{\partial x_1}\bigg|_{x^*}\sigma_{x_1}\right)^2 + \left(\dfrac{\partial g(x)}{\partial x_2}\bigg|_{x^*}\sigma_{x_2}\right)^2 + \left(\dfrac{\partial g(x)}{\partial x_3}\bigg|_{x^*}\sigma_{x_3}\right)^2}} = \alpha_i$$

$$(7-30)$$

相应地，在 u 域中，点 P^* 的坐标为

$$u_i^* = \frac{x_i^* - \mu_{x_i}}{\sigma_{x_i}} = \beta\cos\theta_{x_i} \tag{7-31}$$

P^* 在 x 域的原始坐标系中的坐标为

$$x_i^* = \mu_{x_i} + \beta\sigma_{x_i}\cos\theta_{x_i} \tag{7-32}$$

由于 P^* 在极限状态方程表达的曲线（面）上，所以

$$g(x) = g(x_1^*, x_2^*, x_3^*) = 0 \tag{7-33}$$

上面介绍了思路，下面用一个具体的例子进行说明，该例子来源于文献［4］。设

$$g(x_1, x_2) = x_1^3 + x_2^3 - 18$$

其中，x_1 和 x_2 的均值为 10，标准差为 5。以 x_1 和 x_2 的均值为初始点，求 β，要求 β 的精度为 0.001。

第一步迭代：

1）$g(x_1, x_2) = g(\mu_{x_1}, \mu_{x_2}) = \mu_{x_1}^3 + \mu_{x_2}^3 - 18 = 1\ 982$

$$\frac{\partial g}{\partial x_1}\bigg|_{\mu_{x_1}} = 3\mu_{x_1}^2 = 300, \quad \frac{\partial g}{\partial x_2}\bigg|_{\mu_{x_2}} = 3\mu_{x_2}^2 = 300$$

2）用计算式 $\beta = \dfrac{\mu_{\hat{g}}}{\sigma_{\hat{g}}}$ 计算 β 的初始值 β_1，用式（7 - 30）计算 α_1 和 α_2。

$$\beta_1 = \frac{\mu_{\hat{g}}}{\sigma_{\hat{g}}} = \frac{g(x_1, x_2)}{\sqrt{\left(\left.\dfrac{\partial g(x)}{\partial x_1}\right|_{(\mu_{x_1}, \mu_{x_2})} \sigma_{x_1}\right)^2 + \left(\left.\dfrac{\partial g(x)}{\partial x_2}\right|_{(\mu_{x_1}, \mu_{x_2})} \sigma_{x_2}\right)^2}} = 0.934\,3$$

$$\alpha_1 = -\frac{\left.\dfrac{\partial g(x_1, x_2)}{\partial x_1}\right|_{(\mu_{x_1}, \mu_{x_2})} \sigma_{x_1}}{\sqrt{\left(\left.\dfrac{\partial g(x)}{\partial x_1}\right|_{(\mu_{x_1}, \mu_{x_2})} \sigma_{x_1}\right)^2 + \left(\left.\dfrac{\partial g(x)}{\partial x_2}\right|_{(\mu_{x_1}, \mu_{x_2})} \sigma_{x_2}\right)^2}} = -0.707\,1$$

$$\alpha_2 = -\frac{\left.\dfrac{\partial g(x_1, x_2)}{\partial x_2}\right|_{(\mu_{x_1}, \mu_{x_2})} \sigma_{x_2}}{\sqrt{\left(\left.\dfrac{\partial g(x)}{\partial x_1}\right|_{(\mu_{x_1}, \mu_{x_2})} \sigma_{x_1}\right)^2 + \left(\left.\dfrac{\partial g(x)}{\partial x_2}\right|_{(\mu_{x_1}, \mu_{x_2})} \sigma_{x_2}\right)^2}} = -0.707\,1$$

3）计算得到新的迭代点

$$x_1 = \mu_{x_1} + \beta_1 \sigma_{x_1} \alpha_1 = 6.696\,7$$

$$x_2 = \mu_{x_2} + \beta_1 \sigma_{x_2} \alpha_2 = 6.696\,7$$

$$u_1 = \frac{x_1 - \mu_{x_1}}{\sigma_{x_1}} = -0.660\,7$$

$$u_2 = \frac{x_2 - \mu_{x_2}}{\sigma_{x_2}} = -0.660\,7$$

第二步迭代：

1）$g(x_1,\ x_2) = x_1^3 + x_2^3 - 18 = 58\,263$

$$\left.\frac{\partial g}{\partial x_1}\right|_{x_1, x_2} = 3x_1^2 = 134.537\,4,\ \left.\frac{\partial g}{\partial x_2}\right|_{x_1, x_2} = 3x_2^2 = 134.537\,4$$

2）计算 β 第二轮值 β_2 和 α_1、α_2

$$\beta_2 = \frac{g(x_1, x_2) - \left.\dfrac{\partial g(x_1, x_2)}{\partial x_1}\right|_{(x_1, x_2)} \sigma_{x_1} u_1 - \left.\dfrac{\partial g(x_1, x_2)}{\partial x_2}\right|_{(x_1, x_2)} \sigma_{x_2} u_2}{\sqrt{\left(\left.\dfrac{\partial g(x_1, x_2)}{\partial x_1}\right|_{(x_1, x_2)} \sigma_{x_1}\right)^2 + \left(\left.\dfrac{\partial g(x_1, x_2)}{\partial x_2}\right|_{(x_1, x_2)} \sigma_{x_2}\right)^2}} = 1.546\,8$$

$$\alpha_1 = -\frac{\left.\dfrac{\partial g(x_1, x_2)}{\partial x_1}\right|_{(x_1, x_2)} \sigma_{x_1}}{\sqrt{\left(\left.\dfrac{\partial g(x_1, x_2)}{\partial x_1}\right|_{(x_1, x_2)} \sigma_{x_1}\right)^2 + \left(\left.\dfrac{\partial g(x_1, x_2)}{\partial x_2}\right|_{(x_1, x_2)} \sigma_{x_2}\right)^2}} = -0.7071$$

$$\alpha_2 = \alpha_1 = -0.707\,1$$

3）计算得到新的迭代点

$$x_1 = \mu_{x_1} + \beta_2 \sigma_{x_1} \alpha_1 = 4.531\,3$$

$$x_2 = \mu_{x_2} + \beta_2 \sigma_{x_2} \alpha_2 = 4.531\,3$$

$$u_1 = \frac{x_1 - \mu_{x_1}}{\sigma_{x_1}} = -1.093\ 7$$

$$u_2 = \mu_1 = -1.093\ 7$$

根据这次迭代得到的 β_2 计算可得

$$\left| \frac{\beta_2 - \beta_1}{\beta_1} \right| = 0.655\ 6$$

仍不满足要求，则继续进行后续迭代。

第七轮的迭代结果：

$$\beta_7 = 2.240\ 1, \quad g(x_1, x_2) = 0.023$$

与 MVFOSM 的方法得到的 $\beta = 0.934\ 3$ 相比，该方法在这种高度非线性情形下依然是比较精确的。

结构设计上许多变量 x 不是正态分布的，这时可以用文献 [5，6] 提出的方法进行变换得到。

7.4　数值积分法

数值积分法本质上是通过积分的方法，计算得到输出 $y = f(x)$ 或性能函数 $g = g(x)$ 的各阶矩（包括一阶均值，二阶标准差，三阶偏度，四阶峰度）。在得到这些矩的估计值之后，运用类似 Pearson 经验分布系统[7,8]，就可以近似得到 $y = f(x)$ 或性能函数 $g = g(x)$ 的概率密度函数（PDF），从而可以得到系统输出的概率特征或系统的失效概率。

经验分布是一种函数，它是对应样本点的累计分布函数的估计。根据 Glivenko - Cantelli 定理，它以概率 1 收敛于潜在的概率分布。

当然，对于工程问题，我们不需要得到随机变量的所有概率信息，仅需要部分信息就足以描述一个随机变量的概率分布。一般说来，能得到前面所说的前四阶矩就足够了。极个别情况才可能需要更高阶矩的信息。在数值积分方法中，主要有全因子数值积分（Full Factorial Numerical Integration，FFNI）、单变量降维（Univariate Dimension Reduction，UDR）、稀疏网格（Sparse Grid）技术等。

稀疏网格技术被广泛应用于高维多元函数积分和插值，二者可分别用来实现矩估计（数值积分）和可靠性估计（极限状态函数插值）[9]，感兴趣的读者可以进一步学习相关文献。下面介绍全因子数值积分和单变量降维方法。

> 回忆一下以前在数值分析学过的高斯型求积公式
>
> $$\int_a^b f(x)\,\mathrm{d}x = F(b) - F(a) = F(x)\ \big|_a^b$$
>
> 这是牛顿-莱布尼茨公式。其适用于 $f(x)$ 有解析解的情况，工程中绝大多数的 $f(x)$ 很难有显性的解析解，难以进行积分，这就需要借助数值积分的力量。什么是数值积分呢？我们先回顾一下积分的原始定义

$$\int_a^b f(x)\,\mathrm{d}x = \lim_{n \to \infty} \sum_{i=1}^n f(x_i)\Delta_i$$

即把 $f(x)$ 沿 x 分成 n 份，每份的宽度为 Δ_i，当 n 趋近于 ∞ 时，在固定宽度 $(b-a)$ 区间上的 Δ_i 变得趋近于 0，上面式子右端的和代表面积，无限趋近于左边的积分值。

那么能不能在积分区间内取较少的几个点 x_i，再乘以合理的 Δ_i（Δ_i 太小，计算效率太低，计算量大），从而得到满意的积分精度呢？

这个问题包含两个层面的含义：

1) 如何确定积分点 x_i（也叫节点）；

2) 如何确定 Δ_i，也称之为权重 w_i。

于是，上面的问题就转化为：求 x_i 和 w_i，使得

$$\int_a^b f(x)\,\mathrm{d}x \approx \sum_{i=1}^n w_i f(x_i)$$

针对这个问题，辛普森给出等距积分点法，而高斯给出了不等距积分点方案，即 n 个高斯节点可以对 $2n-1$ 阶多项式函数获得我们期望的数值积分精度。如对一阶多项式，只要 1 个节点，就能给出这个多项式的数值积分值。以 $f(x) = a_0 + a_1 x$ 为例

$$\int_a^b f(x)\,\mathrm{d}x = (b-a)f\left(\frac{a+b}{2}\right)$$

这是一个精确的积分值，积分节点只有一个 $\dfrac{a+b}{2}$，权重为 $(b-a)$。

类似地，对二阶多项式，只要 3 个节点就能给出这个多项式的数值积分值。当然，这个阶不是唯一的。

这就是下面要讨论的数值积分法的基本思想。

7.4.1　全因子数值积分

对于任意一个随机变量 x，其对应的输出响应或性能函数为 $g(x)$，则其 k 阶矩可以近似用 m 个节点的正交公式表示，即

$$E(g^k) = \int_{-\infty}^{\infty} \left[g(x)\right]^k f(x)\,\mathrm{d}x$$

$$\approx w_1\left[g(\mu + \alpha_1\sigma)\right]^k + w_2\left[g(\mu + \alpha_2\sigma)\right]^k + \cdots + w_m\left[g(\mu + \alpha_m\sigma)\right]^k$$

$$(7-34)$$

其中，$k = 0, 1, 2, \cdots, 2m-1$，是正交公式中多项式的阶数；$f(x)$ 是 x 的概率密度函数；μ 和 σ 是 x 的均值和标准差；$\{\alpha_1, \alpha_2, \cdots, \alpha_m\}$ 和 $\{w_1, w_2, \cdots, w_m\}$ 分别是各个节点上的节点值和权值。上面的公式也叫高斯型积分公式。这些节点也叫采样点、积分点或正交点，个数为 m。

为了求得式（7-34）中的 $\{\alpha_1, \alpha_2, \cdots, \alpha_m\}$ 和 $\{w_1, w_2, \cdots, w_m\}$（注意：$x_i = \mu + \alpha_i\sigma$），可以求解下面的方程

$$\mu_k = \int_{-\infty}^{\infty} (x-\mu)^k f(x)\mathrm{d}x \tag{7-35}$$

$$\approx w_1(\alpha_1\sigma)^k + w_2(\alpha_2\sigma)^k + \cdots + w_m(\alpha_m\sigma)^k$$

其中，μ_k 随机变量 x 的 k 阶中心矩，可以通过已知的 x 的概率密度函数计算得到。

为了能够精确估计到四阶矩，由 $k=0,1,2,\cdots,2m-1$ 可知，至少要用到 3 个节点，即式（7-35）中的 m 至少为 3。例如，取 $m=3$，则由 $k=0,1,2,\cdots,2m-1$，得到 k 最大为 5。由式（7-35）可以给出 6 个方程，于是便可以求得（α_1，α_2，α_3）和（w_1，w_2，w_3）。

引入

$$l_i = \mu + \alpha_i\sigma \tag{7-36}$$

从抽样设计的角度，相当于引入了随机变量 x 的不同水平或者 x 的节点取值（如中值和两个极值的情况，相当于三个水平的变量，也相当于引入三个积分的节点）。在式（7-35）中，有 m 个 α_i，即（α_1，α_2，$\cdots$，α_m），和 m 个 w_i，即（w_1，w_2，$\cdots$，w_m），而上面的方程正好是 $2m$ 个，所以通过解 $2m$ 个非线性方程可以确定 μ_k，l_i，也就可以通过式（7-35）求得 w_i 了。

然而，这并不是一个简单的代数问题。特别是当 m 大于 7 时，问题就变得特别复杂。对于 3 个水平的代数问题，即 $m=3$ 时，式（7-35）可以改写为

$$\begin{cases} w_1 + w_2 + w_3 = 1 \\ w_1 l_1 + w_2 l_2 + w_3 l_3 = 2\mu \\ w_1(l_1-\mu)^2 + w_2(l_2-\mu)^2 + w_3(l_3-\mu)^2 = \sigma^2 \\ w_1(l_1-\mu)^3 + w_2(l_2-\mu)^3 + w_3(l_3-\mu)^3 = \sigma^3\sqrt{\beta_1} \\ w_1(l_1-\mu)^4 + w_2(l_2-\mu)^4 + w_3(l_3-\mu)^4 = \sigma^4\beta_2 \\ w_1(l_1-\mu)^5 + w_2(l_2-\mu)^5 + w_3(l_3-\mu)^5 = \mu_5 \end{cases} \tag{7-37}$$

其中，μ，σ，$\sqrt{\beta_1}$ 和 β_2 分别是 x 的均值、标准差、偏度和峰度。可以看到，即使仅考虑三个水平，得到的方程（7-37）也太难求解了。文献［10］提出用 $l_2=\mu$ 代替方程（7-37）中的对应项，从而得到 l_i 和 w_i 的显性解。

$$\begin{bmatrix} l_1 \\ l_2 \\ l_3 \end{bmatrix} = \begin{bmatrix} \mu + \dfrac{\sqrt{\beta_1}\sigma}{2} - \dfrac{\sigma}{2}\sqrt{4\beta_2 - 3\beta_1} \\ \mu \\ \mu + \dfrac{\sqrt{\beta_1}\sigma}{2} + \dfrac{\sigma}{2}\sqrt{4\beta_2 - 3\beta_1} \end{bmatrix} \tag{7-38}$$

$$\begin{bmatrix} w_1 \\ w_2 \\ w_3 \end{bmatrix} = \begin{bmatrix} \dfrac{(4\beta_2 - 3\beta_1) + \sqrt{\beta_1}\sqrt{4\beta_2 - 3\beta_1}}{2(4\beta_2 - 3\beta_1)(\beta_2 - \beta_1)} \\ \dfrac{(\beta_2 - \beta_1 - 1)}{(\beta_2 - \beta_1)} \\ \dfrac{(4\beta_2 - 3\beta_1) - \sqrt{\beta_1}\sqrt{4\beta_2 - 3\beta_1}}{2(4\beta_2 - 3\beta_1)(\beta_2 - \beta_1)} \end{bmatrix} \tag{7-39}$$

　　当然，对于常见的概率分布类型，这些节点和权值被制成了表格作为参考。图 7 - 5 给出了对应不同分布类型的三个节点形式的高斯积分节点值和权值[11]。

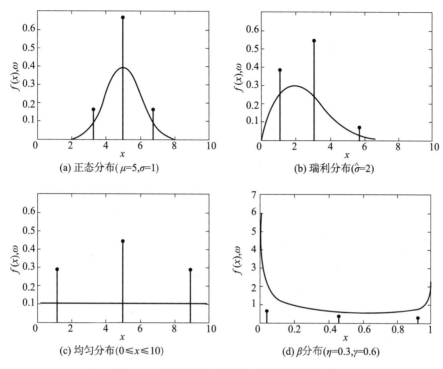

图 7 - 5　四种分布对应的三个节点值和权值

　　对于多维的情况，即随机变量数 d 大于1，此时

$$E(g^k) = \int_{-\infty}^{\infty} \int_{-\infty}^{\infty} \cdots \int_{-\infty}^{\infty} \big[g(x_1, x_2, \cdots, x_d)\big]^k f(x_1, x_2, \cdots, x_d) \mathrm{d}x_1 \mathrm{d}x_2 \cdots \mathrm{d}x_d$$

$$\approx \sum_{i_1}^{m} \sum_{i_2}^{m} \cdots \sum_{i_d}^{m} w_{i_d} \big[g(\mu_{x_1} + \alpha_{i_1}\sigma_{x_1}, \mu_{x_2} + \alpha_{i_2}\sigma_{x_2}, \cdots, \mu_{x_d} + \alpha_{i_d}\sigma_{x_d})\big]^k$$

$$(7-40)$$

其中，$f(x_1, x_2, \cdots, x_d)$ 是随机变量的联合概率密度函数。要得到这个多变量的积分，所需要的函数次数是 m^d。从抽样设计的角度看，类似于全因子的设计（Full Factorial Design），所以这个方法也叫做全因子数值积分法。这个方法的计算量随着输入参数的增多呈现指数增长，导致维数灾难，通常适用于低维问题的情况，如 d 不大于5的情况。

　　上面的解只适用于 x 的分布是对称的情形，比如正态分布。对于非对称的分布，如对数正态分布、指数分布等，第一个水平 l_1 就落在了分布的定义域之外了。上面方法面临的另外一个问题是，中间水平值（即 l_2）必须是均值，当性能函数的非线性比较强时，高斯矩估计的精度也会下降。为此，文献［12］提出了一种方法。设 $L_i = l_i - \mu$，消除掉方程（7 - 37）中后三个方程的 (w_1, w_2, w_3)，这样，方程（7 - 37）中的后三个方程变为

$$\frac{(L_2 + L_3)\sigma^2 + L_1(L_2 L_3 + \sigma^2)}{\sigma^3} = \sqrt{\beta_1}$$

$$(7-41)$$

$$(L_2^2 + L_2 L_3 + L_3^2)\sigma^2 + L_1^2(L_2 L_3 + \sigma^2) + L_1(L_2^2 L_3 + L_3 \sigma^2 + L_{2w}(L_3^2 + \sigma^2)) = \sigma^4 \beta_2$$

$$(7-42)$$

$$(L_2^3 + L_2^2 L_3 + L_2 L_3^2 + L_3^3)\sigma^2 + L_1^3(L_2 L_3 + \sigma^2) +$$
$$L_1(L_2^2 + L_3 L_2 + L_3^2)(L_3 L_2 + \sigma^2) + L_1^2[L_2^2 L_3 + L_3 \sigma^2 + L_2(L_3^2 + \sigma^2)] = \mu_5$$

$$(7-43)$$

上面三式中，(L_1, L_2, L_3) 可以用数值方程求解器解得，一旦得到 (L_1, L_2, L_3)，就可以得到

$$w_3 = \frac{L_1 L_2 + \sigma^2}{(L_1 - L_3)(L_2 - L_3)} \tag{7-44}$$

$$w_2 = \frac{L_1 - L_1 w_3 + L_3 w_3}{L_1 - L_2} \tag{7-45}$$

$$w_1 = 1 - w_2 - w_3 \tag{7-46}$$

在计算得到 $g(x)$ 的前四阶矩后，$g(x)$ 完整的概率密度函数 f_g 可以通过经验分布系统得到，如用 Pearson 分布系统[11]

$$\frac{\mathrm{d}\hat{f}_g}{\mathrm{d}x} = -\frac{a+x}{c_0 + c_1 x + c_2 x^2}\hat{f}_g \tag{7-47}$$

其中

$$a = \frac{\sqrt{\beta_1}(\beta_2 + 3)\sigma^2}{10\beta_2 - 12\beta_1 - 18}$$

$$c_0 = \frac{(4\beta_2 - 3\beta_1)\sigma}{10\beta_2 - 12\beta_1 - 18}$$

$$c_1 = a$$

$$c_2 = \frac{2\beta_2 - 3\beta_1 - 6}{10\beta_2 - 12\beta_1 - 18}$$

式（7-47）说明，如果可以找到所有的系数 (a_0, c_1, c_2, c_3)，使得系统输出函数 $g(x)$ 的前四阶矩与 Pearson 分布的前四阶矩相匹配，$\hat{f}_g$ 就可以近似代表函数真实的概率密度函数 f_g。

7.4.2　单变量降维法

单变量降维法的基本思想是，用多个单变量方程来近似一个多变量方程，以有效提高多变量统计矩积分的效率[13-16]。

第一种降维法，是基于均值点展开的单变量降维法（mean-based UDR）来估计函数 $g(x)$ 的矩信息，是通过将多变量函数 $g(x)$ 展开成一系列单变量函数的和得到，即

$$g(x) \approx \hat{g}(x) = \sum_{i=1}^{d} g_i(x_{01}, \cdots, x_i, \cdots, x_{0d}) - (d-1)g(x_{01}, \cdots, x_{0i} \cdots, x_{0d})$$

$$= \sum_{i=1}^{d} g_i(x_i) - (d-1)g(x_{01}, \cdots, x_{0i}, \cdots, x_{0d})$$

$$(7-48)$$

其中，$(x_{01}, x_{02}, \cdots, x_{0d})$ 表示展开的参考点，x_i 是单变量函数中唯一的变量。从式（7 - 48）可以看出，这些单变量函数仅与一个随机变量有关，其他随机变量都固定在参考点，即均值点（也可记为 μ 点）。当一维近似分解完成后，$g(x)$ 的 k 阶矩可以直接在近似函数 $\hat{g}(x)$ 上计算得到

$$E(g^k) \approx E(\hat{g}^k) = E\left[\left\{\sum_{i=1}^{d} g_i(x_i) - (d-1)g(\mu_{x_1}, \cdots, \mu_{x_i}, \cdots, \mu_{x_d})\right\}^k\right] \quad (7-49)$$

基于均值点展开的单变量降维法在结构系统的可靠性分析中得到成功应用。

第二种降维法，是基于最大可能点展开的单变量降维法（MPP - based UDR），和上面的思路是一样的，只不过是用最大可能点来代替上面的均值参考点。尽管这种方法会带来 MPP 的寻优过程，但一般来说，它比基于均值的单变量降维法更精确，特别适用于关注函数分布尾端概率分布的情形。

7.5　函数展开法

函数的多项式展开对我们来说并不陌生。泰勒级数展开法是一种常见的方法，之前章节介绍的傅里叶级数展开，还有方差分解的思想，都可以看做是用简单的多项式或简单函数的组合来模拟原函数，思路很清晰。函数展开在数学上的本质是函数的近似或逼近问题。

在概率不确定性分析中，函数展开常用的方法包括多项式混沌展开（Polynomial Chaos Expansion，PCE）法和纽曼展开法（Neumann Expansion）。下面我们介绍多项式混沌展开法。

多项式混沌展开是将不确定系统的输入、输出映射函数近似为一系列标准的随机变量的展开形式。对于连续性的随机变量而言，有许多基函数都可以作为 PCE 的正交多项式基。例如，对于高斯正态分布变量，可以选用埃尔米特（Hermite）基函数；对于 β 分布，可以选用拉盖尔（Laguerre）基函数，等等。在运载火箭的设计中，大多为连续性的随机变量，对于非连续型的随机变量，也有对应的正交多项式基，具体见表 7 - 1。多项式混沌展开的有关应用可学习文献 [17 — 19]。

表 7 - 1　用于连续和非连续随机变量的正交多项式基

响应随机变量	正态分布	β 分布	γ 分布	均匀分布
正交多项式基	Hermite	Laguerre	Jocobi	Legendre
响应随机变量	泊松分布	二项分布	负二项分布	超几何分布
正交多项式基	Charlier	Krawtchouk	Meixner	Hahn

以高斯型随机响应 y 为例：

$$y = a_0\Gamma_0 + \sum_{i=1}^{\infty} a_{i1}\Gamma_1(\xi_{i1}) + \sum_{i_1=1}^{\infty}\sum_{i_2=1}^{i_1} a_{i_1 i_2}\Gamma_2(\xi_{i_1}, \xi_{i_2}) + \sum_{i_1=1}^{\infty}\sum_{i_2=1}^{i_1}\sum_{i_3=1}^{i_2} a_{i_1 i_2 i_3}\Gamma_3(\xi_{i_1}, \xi_{i_2}, \xi_{i_3}) + \cdots$$

$$(7-50)$$

其中，ξ_i 是一系列（$i=1,2,\cdots,\infty$）高斯随机变量的集合；$\Gamma_p(\xi_{i_1},\xi_{i_2},\cdots,\xi_{i_p})$ 是 p 阶一系列多维 Hermite 多项式的集合；a_i 是 p 个待定系数。

$$\Gamma_p(\xi_{i_1},\xi_{i_2},\cdots,\xi_{i_p})=(-1)^n\frac{\partial^n\,\mathrm{e}^{-\frac{1}{2}\vec{\xi}^{\mathrm{T}}\vec{\xi}}}{\partial\xi_{i_1}\xi_{i_2}\cdots\xi_{i_p}}\mathrm{e}^{\frac{1}{2}\vec{\xi}^{\mathrm{T}}\vec{\xi}} \tag{7-51}$$

$\vec{\xi}$ 包含了 n 个高斯型随机变量，即 $\vec{\xi}=(\xi_{i_1},\xi_{i_2},\cdots,\xi_{i_n})$。

式（7-50）可以写成更简洁的形式

$$y=\sum_{i=0}^{p}b_i\psi_i(\vec{\xi}) \tag{7-52}$$

在二维的情况下，式（7-50）可以表达为

$$y=a_0\Gamma_0+a_1\Gamma_1(\xi_1)+a_2\Gamma_1(\xi_2)+a_{11}\Gamma_2(\xi_1,\xi_1)+a_{12}\Gamma_2(\xi_2,\xi_1)+a_{22}\Gamma_2(\xi_2,\xi_2)+$$
$$a_{111}\Gamma_3(\xi_1,\xi_1,\xi_1)+a_{211}\Gamma_3(\xi_2,\xi_1,\xi_1)+a_{221}\Gamma_3(\xi_2,\xi_2,\xi_1)+a_{222}\Gamma_3(\xi_2,\xi_2,\xi_2)+\cdots \tag{7-53}$$

相应地，式（7-52）可以表达为

$$y=b_0\psi_0+b_1\psi_1+b_2\psi_2+b_3\psi_3+b_4\psi_4+b_5\psi_5+\cdots \tag{7-54}$$

比如，相比式（7-53）和式（7-54），$a_{11}\Gamma_2(\xi_1,\xi_1)$ 这一项就相应地变成了 $b_3\psi_3$。

在一维的情况下，若 x 不是标准的正态分布，则可做如下的变换

$$\xi=\frac{x-\mu_x}{\sigma_x} \tag{7-55}$$

一维的 Hermite 多项式可以表示为

$$\psi_n(\xi)=(-1)^n\frac{\varphi^{(n)}(\xi)}{\varphi(\xi)} \tag{7-56}$$

式中，$\varphi^{(n)}(\xi)$ 是正态密度函数 $\varphi(\xi)=\dfrac{1}{\sqrt{2\pi}}\mathrm{e}^{-\frac{\xi^2}{2}}$ 的 n 阶导数。

从式（7-56）可以得到

$$\{\psi_i(\xi)\}=\{1,\xi,\xi^2-1,\xi^3-3\xi,\xi^4-6\xi^2+3,\xi^5-10\xi^3+15\xi,\cdots\} \tag{7-57}$$

在二维的情况下，我们有

$$y=b_0+b_1\xi_1+b_2\xi_2+b_3(\xi_1^2-1)+b_4\xi_1\xi_2+b_5\xi_2^2+\cdots \tag{7-58}$$

其中，ξ_1 和 ξ_2 是两个互相独立的正态随机变量。

在结束本节之前，我们顺便回顾一下 Hermite 多项式的来源。其实，Hermite 多项式是 Hermite 微分方程的解。

Hermite 微分方程可以表示为

$$\frac{\mathrm{d}^2y}{\mathrm{d}x^2}-x\frac{\mathrm{d}y}{\mathrm{d}x}+ny=0 \tag{7-59}$$

还有一种表达方式

$$\frac{\mathrm{d}^2y}{\mathrm{d}x^2}-2x\frac{\mathrm{d}y}{\mathrm{d}x}+2ny=0 \tag{7-60}$$

其中，n 是一个正整数。

第一种方式，其对应的可能解为

$$H_n(x) = (-1)^n e^{\frac{x^2}{2}} \frac{d^n e^{-\frac{x^2}{2}}}{dx^n} \tag{7-61}$$

第二种方式，其对应的可能解为

$$H_n(x) = (-1)^n e^{x^2} \frac{d^n e^{-x^2}}{dx^n} \tag{7-62}$$

上式中，特别是第一种方式的解中，可以依稀看到我们熟悉的正态分布密度函数的影子，事实上，正态分布密度函数的 n 阶导数 $\varphi(x) = \dfrac{1}{\sqrt{2\pi}} e^{-\frac{x^2}{2}}$ 实际上是包含在式中的，很自然地会想到在概率的分析中可以有所应用。我们取 n 为不同的值，可以得到不同的 H_n

$$\begin{cases} H_0(x) = 1 \\ H_1(x) = x \\ H_2(x) = x^2 - 1 \\ H_3(x) = x^3 - 3x \\ H_4(x) = x^4 - 6x^2 + 3 \\ H_5(x) = x^5 - 10x^3 + 15x \\ H_6(x) = x^6 - 15x^4 + 45x^2 - 15 \\ \quad\cdots \end{cases} \tag{7-63}$$

于是可以得到和第 6.2 节完全一致的迭代关系

$$\begin{cases} H_0(x) = 1 \\ H_1(x) = x \\ \quad\cdots \\ H_n(x) = xH_{n-1}(x) - (n-1)H_{n-2}(x) \quad n \geqslant 2 \end{cases} \tag{7-64}$$

在 $[-\infty, +\infty]$ 区间内，Hermite 多项式的正交性可以表示为

$$\int e^{-\frac{x^2}{2}} H_n(x) H_m(x) dx = n! \sqrt{2\pi} \delta_{nm} \tag{7-65}$$

其中

$$\delta_{nm} = \begin{cases} 0 & n \neq m \\ 1 & n = m \end{cases}$$

参 考 文 献

[1] HELTON J C, JOHNSON J D, SALLABERRY C J, et al. Survey of sampling based methods for uncertainty and sensitivity analysis [J]. Reliability Engineering & System Safety, 2006, 91: 1175 - 1209.

[2] SEUNG - KYUM CHOI, RAMANA V GRANDHI, ROBERT A CANFIELD. Reliability - based Structural Design [M]. Springer - Verlag London Limited, 2007.

[3] MADSEN H O, KRENK S, LIND N C. Methods of structural Safety [M]. Prentice - Hall, Englewood Cliffs, New Jersey, 1986.

[4] HASOFER A M, LIND N C. Exact and invariant Second - moment Code Format [J]. Journal of the Engineering Mechanics division, 1974, ASCE, 100 (EM1): 111 - 121.

[5] HOHENBICHLER M, RACKWITZ R. Non - normal Dependent Vectors in Structural Safety [J]. Journal of the Engineering Mechanics Division, ASCE, 1981, 107 (EM6): 1227 - 1238.

[6] ROSENBLATT M. Remarks on a Multivariate Transformation [J]. The Annals of Mathematical Statistics, 1952, 23 (3): 470 - 472.

[7] HAHN G J, SHAPIRO S S. Statistical models in engineering [M]. New York: Wiley, 1967.

[8] JOHNSON N L, KOTZ S, BALAKRISHNAN N. Continuous univariate distributions [M]. New York: Wiley, 1994.

[9] 熊芬芬. 不确定条件下的层次系统多学科设计优化研究 [D]. 北京理工大学, 2009.

[10] SEO H S, KWAK B M. Efficient statistical tolerance analysis for general distributions using three - point information [J]. Int J Prod Res, 2002, 40: 931 - 944.

[11] LEE S H, CHEN W. A comparative study of uncertainty propagation methods for black - box - type problems [J]. Struct Multidisc Optim, 2009, 37: 239 - 253.

[12] LEE S H, CHOI H S, KWAK B M. Multilevel design of experiments for statistical moment and probability calculation [J]. Struct multidisc optim, 2008, 57 - 70.

[13] RAHMAN S, WEI D. A univariate approximation at most probable point for higher - order reliability analysis [J]. International Journal of Solids Struct, 2006, 43: 2820 - 2839.

[14] RAHMAN S, XU H. A univariate dimension - reduction method for multi - dimensional integration in stochastic mechanics [J]. Probab Eng Mech, 2004, 19: 393 - 408.

[15] H XU L, RAHMAN S. A generalized dimension - reduction method for multi - dimensional integration in stochastic mechanics [J]. International Journal of Numer Methods Eng, 2004 (61): 1992 - 2019.

[16] YOUN H S, XI Z, WELLS L J, et al. Enhanced dimension reduction method for sensitivity - free uncertainty quantification [C]. Proceedings of 11th AIAA/ISSMO, multidisciplinary analysis and optimization conference, Portsmouth, 2006, VA, USA.

[17] GHANEM R, SPANOS P D. Stochastic Finite Elements: A Spectral Approach [J]. NY:

Springer - Verlag，1991.

[18]　IMAMURA T，MEECHAM W. Wiener - Hermite Expansion in Model Turbulence in the Late Decay Stage [J]. Journal of Mathematical Phyisics，1965，6 (5)：707 - 721.

[19]　IMAMURA T，MEECHAM W，SIEGEL A. Symbolic Calculus of the Wiener Process and Wiener - Hermite Expansion [J]. Journal of Mathematical Phyisics，1965，6 (5)：695 - 706.

第8章　基于概率不确定性的设计

在运载火箭设计领域，基于概率不确定性的分析和优化方法研究理论层面居多，工程上的应用很少。正如前文已经讨论过的，新概念、新方法一定是为解决某一类问题而出现的。基于概率方法的运载火箭设计有哪些迫切需要解决的问题，哪些专业更适用，需要我们深入探讨。本章介绍了一些实例，着重从思路、方法的角度进行归纳，具体分析计算过程不再赘述。读者可以根据自己专业的需要，研究和发展适合于本专业的方法。

8.1　确定性优化

在确定性条件下很多工程问题相对比较简单。确定性条件下的设计问题，一般可归结为一个优化问题，可以表达成下面的数学形式：

$$目标函数：\min f(x,u)$$

$$约束条件：\begin{cases} g(x,u) \leqslant 0 \\ h(x,u) = 0 \\ \underline{x} \leqslant x \leqslant \overline{x} \end{cases} \tag{8-1}$$

式中，x 为设计变量；u 是系统参数；$f(\cdot)$ 为优化的目标函数，如起飞质量最小；$g(\cdot)$ 为不等式约束，如前文提到的结构设计中的极限状态约束；$h(\cdot)$ 为等式约束，如必须满足牛顿定律的火箭运动学、动力学方程。$\underline{x}$ 和 $\overline{x}$ 分别为设计变量 x 的上下限，如控制系统的最大舵偏速率、最大摆角等。

于是，上述问题可以表述为：在满足设计变量上下限范围的设计空间内，寻找满足等式和不等式约束的设计变量 x，使得目标函数最小。

解决上述优化的数学问题，有许多成熟的算法，如拉格朗日乘子法、罚函数法、序列二次规划法等。每种方法在求解一种特定的问题时，都有其各自的优势和局限性，且每种方法必须面对目标函数和约束函数的非显性特性，也就是说，目标函数和约束函数通常是无法用显性函数表达的。有些即使是可以用显性函数表达，大多数也是非线性的，甚至是高度非线性的，对资源的消耗很大。在这种情况下，通常会采取一些措施，临时性忽略一些约束，或对隐性函数进行高精度近似，等等。此时，前面章节提到的灵敏度分析、代理模型等方法对于确定性系统的分析也同样是适用的。

一般地，用数值方法求解优化问题时，迭代的方法一般是必不可少的，每次的迭代，设计变量更新依照以下的方式

$$b_q = b_{q-1} + \lambda_q D_q \tag{8-2}$$

式中，q 是迭代次数；b_q 和 b_{q-1} 分别为设计变量当次迭代和上次迭代的值；λ_q 是寻优的步

长；D_q 为寻优的方向。

于是，优化的核心问题就变成了：

1）确定下次寻优的方向 D ；

2）确定沿该方向走的距离（步长）λ 。

优化方法是数学规划里一个庞大的分支，有海量的参考文献，许多方法可以直接借鉴，这里就不详细介绍了。

8.2　不确定性优化

图 8-1 所示为一个有约束条件的优化问题。在传统的优化问题中，输入参数、设计变量和约束条件都是确定性的，制约条件下给出的最优解（全局或局部的）也是确定性的。在实际工程应用中，输入参数、设计变量和约束条件有一定的不确定性，所以得到的优化结果是围绕某一确定性优化点的一个散布。在这些波动的设计点中，有些是满足目标和可行性要求的，有些是不满足的。在优化设计中考虑设计变量的不确定性、环境条件的变化、物理模型的不精确，减小设计的波动和设计风险，从而获得可靠、可行的设计方案，是我们在不确定性条件下着重要考虑的问题。

下面介绍两个重要概念：鲁棒设计优化和基于可靠性的设计优化。

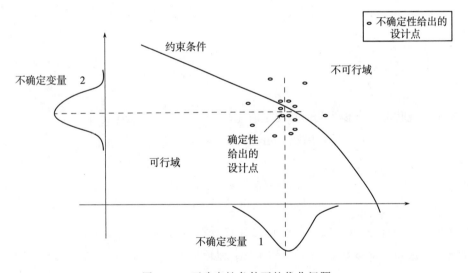

图 8-1　不确定性条件下的优化问题

8.2.1　鲁棒设计优化

在鲁棒优化设计（Robust Design Optimization，RDO）中，设计变量 x 和系统参数 u 都可能存在不确定性，所以系统的性能函数 $f(x,u)$ 是一个随机函数。因此，对于设计鲁棒性的要求体现在两个方面：一是对设计目标的鲁棒性（objective robustness），也就是对性能函数的鲁棒性；另一个是对可行性的鲁棒性（feasibility robustness），也就是对约束函数的鲁棒性。

对于目标函数的鲁棒性，由于在不确定条件下 $f(x,u)$ 是随机的，所以在最小化目标函数 $f(x,u)$ 的期望值的同时，也希望要尽可能降低其对不确定性影响的敏感度，也就是 $f(x,u)$ 的散差或标准差不要太大。一种可能的实现是，将目标函数 $f(x,u)$ 的期望值与目标函数的标准差的加权作为新的目标函数，以实现最小化的期望和最小化的标准差之间的平衡。

图 8-2 所示是目标鲁棒性的含义。系统的性能函数用 $f(x,u)$ 表示，x 是设计变量。x^* 是一个确定条件下的最优点，从图中可以看到性能函数对设计变量 x 的变化非常敏感，类似于临界稳定的概念，设计变量在变化范围内的波动，可能导致目标性能的剧烈变化。而在点 x_{robust}，虽然总的性能不如在 x^* 的性能，但在 x 的变化范围内得到的性能变化比较稳定，且在变化范围内相对一致，因而也体现出设计性能的鲁棒性。

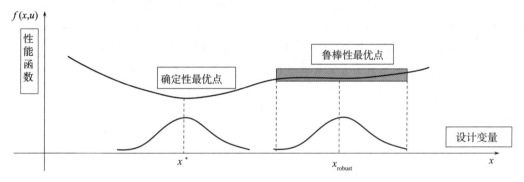

图 8-2　目标鲁棒性的含义

鲁棒设计优化的数学模型可以表述如下：

$$目标函数：\min(\mu_f(x,u),\sigma_f(x,u))$$

$$约束条件：\begin{cases} g(x,u)<0 \\ h(x,u)=0 \\ \underline{x}\leqslant x\leqslant\overline{x} \end{cases} \qquad (8-3)$$

相比式（8-1），式（8-3）的优化目标有所不同，即，使得目标函数 $f(x,u)$ 在不确定性设计变量和系统参数影响下的均值 μ_f 和标准差 σ_f 都最小，从而达到设计鲁棒的目的[1,2]。

可行性鲁棒性是在不确定性因素影响作用下，实现的设计方案在不确定性因素的变化范围内仍能够满足设计约束条件。如图 8-3 所示，按照确定性优化得到的最优结果往往处在可行域的边界上，设计变量或系统参数的微小波动，极有可能导致性能函数的波动，使得最优点波动而落入失效域，因而不满足可行性鲁棒性的要求。

不管实现设计性能鲁棒性的目标是什么，在设计因素变化（也就是不确定性发生时）的情况下，目标鲁棒性和可行性鲁棒性相比，可行性鲁棒性更为关键。这是因为，不确定

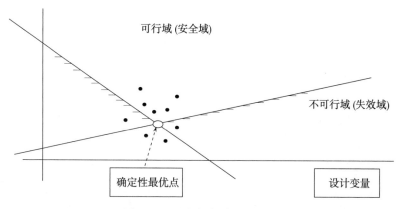

图 8 - 3　可行性鲁棒性的含义

性导致的波动，不仅会影响性能，甚至会影响安全性。例如，无论设计参数如何变化，一个结构件必须严格满足其承载约束或可靠性要求，这一点比设计目标（如重量最轻）的鲁棒性更重要[2]。

8.2.2　基于可靠性的设计优化

当约束条件为概率约束条件时，问题就变成一个可靠性优化（Reliability - based Design Optimization，RBDO）问题。此时，式（8 - 1）可以表达成

目标函数：$\min f(x, u)$

$$约束条件：\begin{cases} p(g(x, u) < 0) > R \\ h(x, u) = 0 \\ \underline{x} \leqslant x \leqslant \overline{x} \end{cases} \qquad (8 - 4)$$

若将基于可靠性设计与鲁棒设计二者结合，就是所谓的鲁棒可靠性优化设计，可以表达为

目标函数：$\min(\mu_f(x, u), \sigma_f(x, u))$

$$约束条件：\begin{cases} p(g(x, u) < 0) > R \\ h(x, u) = 0 \\ \underline{x} \leqslant x \leqslant \overline{x} \end{cases} \qquad (8 - 5)$$

很多文献都使用图 8 - 4，以表示确定性优化和基于可靠性优化的结果差异。图中，基于可靠性的优化所得最优解离约束边界相对较远，虽然一定程度上可能会导致设计的保守，但能保证设计始终落在可行性区域内，系统是安全的；而确定性最优解由于设计变量或参数存在不确定性，该最优解很有可能违反约束。

由此进一步说明，工程问题的解决就是综合考虑设计变量不确定性、约束条件等因素，使设计实现所要求性能、可靠性和效费比之间的平衡。

求解基于可靠性的优化问题，是一个双层嵌套的问题。外部循环是优化搜索，内部循

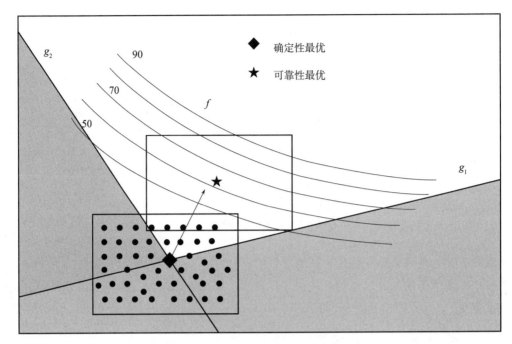

图 8-4　基于可靠性的优化设计含义

环是可靠性分析。在优化过程的每一个搜索点都需要对可靠性约束条件进行分析，计算其失效概率的成本很高。为此，需要高效的解耦方法，感兴趣的读者可以学习文献 [3，4]。

8.3　基于概率的火箭总体设计

目前，基于概率的运载火箭总体设计通常采用的思路是，对所涉及的设计变量按照各自一定的概率分布进行抽样，然后根据一定的目标函数和约束准则，确定设计结果。文献 [5] 给出了基于总体不确定性的飞行器优化设计的一系列实际案例。

文献 [6] 以火箭滚动通道为例，开展了基于总体偏差量概率模型的姿控系统滚转控制力设计。火箭在飞行过程中会受到内外干扰，内干扰主要来自伺服系统零位和零漂引起的初始摆角，外干扰主要为总体偏差量中的气动干扰和结构干扰。在传统的姿控系统总体设计中，为了提高可靠性，对总体偏差量的计算往往按照最大偏差进行，理论计算出的干扰力和干扰力矩较大，对执行机构的推力需求余量过大，导致执行机构体积、重量大，总体方案难以优化。

与滚动通道有关的主要偏差量包括发动机推力线偏斜、推力线横移、推力偏差，以及结构参数偏差（包括箭体质心位置偏差与横移、箭体轴线偏斜）。经实际数据统计分析和检验，以上随机变量均服从正态分布。

由气动导致的干扰力矩为

$$M_{rx1} = C_{mx}\bar{q}Sl \tag{8-6}$$

式中，C_{mx} 为滚转力矩系数；$\bar{q}$ 为动压；S 为参考面积；l 为参考长度。

由发动机摆动及推力线横移、质心横移等形成的干扰力矩可以表示为

$$M_{rx2} = P\delta \sqrt{\Delta z_p^2 + \Delta z_f^2 + \Delta z_t^2} \tag{8-7}$$

式中，P 为发动机推力；δ 为发动机摆角；Δz_p 为推力线横移，Δz_f 为质心随机横移；Δz_t 为质心常值横移。

质心横移与气动力耦合形成的干扰力矩为

$$M_{rx3} = C_N^\alpha \bar{q} S \sqrt{\Delta z_f^2 + \Delta z_t^2} (\Delta\alpha + \Delta\alpha_0 + \alpha_w) \tag{8-8}$$

式中，C_N^α 为法向力系数导数；$\Delta\alpha$ 为控制系统初始攻角；$\Delta\alpha_0$ 为箭体各连接面制造公差产生的附加攻角；α_w 为平稳风和切变风引起的总附加攻角。

在传统的姿控设计中，按照最严酷情况线性叠加工况，计算最大的干扰力矩为[7]

$$M_{rx} = M_{rx1} + M_{rx2} + M_{rx3} \tag{8-9}$$

考虑动态过程的影响，为保证滚动通道可控，所需的控制力矩取

$$M_{cx} \geq 1.3 M_{rx} \tag{8-10}$$

按照文献［6］给出的数据，至少需要 2 208 N・m 的控制力矩，才能保证滚动通道可控且具有良好的动态性能。若按照概率设计的方法，滚动通道干扰力矩计算中推力线横移和径向质心横移由概率模型产生，其余干扰按传统的方法进行处理，采用蒙特卡洛方法进行滚动通道仿真，在取 99.73%（3σ）的概率条件下，滚动通道所需的控制力矩为 1 698 N・m，比传统设计方法所需的 2 208 N・m 减小 23.09%。

在弹道设计时，为确保飞行可靠性，往往需要考虑实际参数与设计标称参数的偏差，其中主要包括的偏差量有动力系统性能参数、气动特性参数、质量特性参数、大气参数等。若将以上参数的偏差按照极限考虑，设计将极为保守，导致结构重量增加。实际工程中，上述参数偏差均服从一定的概率分布，可以根据偏差分布规律，利用随机模拟方式生成包含气动系数偏差、质量偏差、发动机性能偏差、发动机温度偏差、大气密度偏差、风场等因素的弹道计算用参数，将各项偏差以随机形式考虑到弹道计算中，进行一定数量的模拟打靶，并根据概率方法对计算结果进行统计。具体到载荷专业用偏差弹道选取时，可以依据某参数或组合参数的结果进行统计选取，如将 $Q \cdot \alpha$（动压和攻角的积）作为主要特性。为进一步实现精细化设计，可将载荷计算融入弹道仿真程序中，将载荷结果作为偏差弹道概率设计的直接目标量。

图 8-5 所示为固体发动机高温上限、中值和低温下限内弹道包络曲线。发动机内弹道曲线的使用可以根据实际场景采取不同的抽样策略。例如，可以采用状态随机数 K 在 ［-1，1］ 区间均匀抽样，当 K 小于 -1/3 时取低温数据，K 大于 1/3 时取高温数据，其余数值时取中值数据。当在实际场景中上限和下限的出现概率较低时，也可以采取以中值数据为均值的正态分布，低温数据和高温数据可以作为标准差取值的依据。

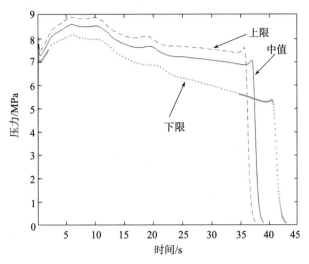

图 8-5　固体发动机内弹道包络曲线示意

8.4　基于概率的控制器设计

基于概率的控制器设计，是在输入为一系列随机变量的基础上如何设计控制器，使得系统满足一定概率条件下的指标要求。文献［8］给出了一个典型的基于概率的控制器设计思路。

定义

$$P(d) = \int P(q)\mathrm{d}q \qquad (8-11)$$

式中，$P(d)$ 是不满足设计要求的概率；d 是设计变量；q 是系统参数，为随机变量。

目标函数为

$$J(d) = \min\left[P_1(d), P_2(d), P_3(d), \cdots\right] \qquad (8-12)$$

设计目标是，找到最优的设计参数 d，使得 $J(d)$ 最小。例如，目标函数可以是系统的不稳定概率最小，也可以是系统性能不满足要求的概率最小，还可以是控制力需求超出控制能力的概率最小，或者是上述各单项的综合。在大多数情况下，$P(d) = \int P(q)\mathrm{d}q$ 是非线性的且不可解析的。

文献［8］研究了一个弹簧-质量基准控制问题[9]，经适当改造，形成一个三次弹簧的形式，以表达系统的非线性，如图 8-6 所示。

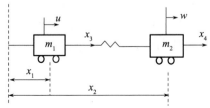

图 8-6　弹簧-质量基准问题

三次弹簧-质量基准问题的状态方程可以表达为

$$
\begin{bmatrix} \dot{x}_1 \\ \dot{x}_2 \\ \dot{x}_3 \\ \dot{x}_4 \end{bmatrix} = \begin{bmatrix} x_3 \\ x_4 \\ -\dfrac{k_1}{m_1}(x_1-x_2)-\dfrac{k_2}{m_1}(x_1-x_2)^3 \\ \dfrac{k_1}{m_2}(x_1-x_2)+\dfrac{k_2}{m_2}(x_1-x_2)^3 \end{bmatrix} + \begin{bmatrix} 0 \\ 0 \\ \dfrac{1}{m_1} \\ 0 \end{bmatrix} u + \begin{bmatrix} 0 \\ 0 \\ 0 \\ \dfrac{1}{m_2} \end{bmatrix} w \quad (8-13)
$$

$$ = f(x,q) + g(x,q)u + p(x,q)w $$

输出方程为

$$ y = x_2 = h(x) \quad (8-14) $$

式中，x_1 为质量块 m_1 的位置；x_2 为质量块 m_2 的位置；x_3 为质量块 m_1 的速度；x_4 为质量块 m_2 的速度。

干扰量 w 作用在质量块 m_2 上，控制力 u 作用在质量块 m_1 上，系统的参数记为 $q = [k_1, k_2, m_1, m_2]$，其名义值为 $k_1^0 = m_1^0 = m_2^0 = 1$，$k_2^0 = -0.1$，其变化范围见表 8-1。

表 8-1　系统参数变化范围

参数	变化范围	参数	取值
k_1	$(0.5, 2)$	w_1	1
k_2	$(-0.5, 0.2)$	w_2	0.01
m_1	$(0.5, 1.5)$	w_3	0.01
m_2	$(0.5, 1.5)$		

取目标函数为

$$ J(d) = w_1 P_1^2 + w_2 P_2^2 + w_3 P_3^2 \quad (8-15) $$

式中，P_1 为不稳定概率；P_2 为调节时间超差概率；P_3 为控制力超差概率。

针对系统参数均匀分布和正态分布两种情形，文献 [8] 分别设计了控制器，两种控制器均能满足目标函数的要求，但控制器最终性能与系统参数的分布相关。这也再次说明，对不确定性参数特性的把握决定了设计结果的优劣，是影响设计目标实现的关键因素。

文献 [10] 提出了基于概率的运载火箭控制系统设计方法。

设运载火箭俯仰通道的控制律为

$$ \delta(s) = (k_p + k_d s)\Delta\varphi \quad (8-16) $$

式中，$\delta(s)$ 和 $\Delta\varphi$ 分别为喷管等效摆角和俯仰角；k_p 和 k_d 为控制器增益系数。

构造系统的性能函数为

$$ \begin{cases} g_1 = GM - GM_d \\ g_2 = PM - PM_d \end{cases} \quad (8-17) $$

式中，GM_d，PM_d 分别为要求的幅值裕度和相位裕度。

在相同的俯仰姿态角偏差下，控制系统的静态增益 k_p 与指令发动机摆角的输出量直接相关，表征了对执行机构的能力需求。k_p 越大，在同等姿态角偏差下对摆管的摆动能力需求也就越高，且过大 k_p 值对箭体弹性振动的稳定不利。因此，在满足控制指标的前提下，较小的 k_p 值可以降低控制系统的能力需求。为此，选取最小化静态增益幅值 k_p 为优化目标函数，此时控制器参数的概率优化模型为：

设计 k_p 和 k_d，满足以下要求：

$$\min(k_p) \tag{8-18}$$

$$\text{约束条件：} \begin{cases} P(g_1 < 0) < R_1 \\ P(g_2 < 0) < R_2 \end{cases} \tag{8-19}$$

设计结果表明，当把系统的可靠性要求降低到 95% 时，控制系统静态增益 k_p 减小了 20%，发动机摆角减小了 15%，显著降低了对控制系统的能力需求。

成型控制是控制系统概率设计的另一个思路。在这种情况下，我们希望直接控制输出或极限状态函数的概率密度函数。此时，可以用样条函数来近似该概率密度函数。一旦这些样条基函数确定下来，就可以控制输入以调整这些函数的权值，从而达到控制所期望的概率密度函数形状的目的[11]。文献 [12] 提出了通过迭代学习生成最优基函数的方法，使得概率密度函数能够实现闭环跟踪。文献 [13] 提出了基于期望概率密度函数的运载火箭控制器设计，其基本思路是，考虑到火箭实际飞行过程中受到随机干扰的影响，控制器实际输出姿态角误差是概率分布的，在相同随机干扰下，不同控制指令形成不同的输出误差分布，由此，可以通过调整控制参数达到不同输出概率分布的结果。

8.5　其他专业领域研究进展

文献 [5] 对级间分离概率不确定性进行了分析。传统的分离设计通常是基于极限偏差进行的，导致设计方案偏于保守，可能导致结构重量增加，影响总体性能。级间冷分离情况下，上面级受重力、分插拔脱力、气动力的影响，下面级受到重力、分插拔脱力、气动力和发动机残余推力的影响。针对这种情况，梳理出影响分离的主要偏差量来源包括：质量特性偏差、推力特性偏差、气动特性偏差。建立的极限状态方程为分离过程两体最小间隙距离 d 与要求值 d_0 之差为 0，即

$$g(\cdot) = d - d_0 = 0 \tag{8-20}$$

式中，$g(\cdot)$ 为上述各偏差量及其作用位置、角度的函数。

分离过程两体不发生碰撞的概率为

$$P(g > 0) = R \tag{8-20}$$

对式（8-20）描述的问题，文献采用蒙特卡洛方法和改进 Kriging 方法进行了分析，结果表明，采用概率设计的方法能保证满足规定的分离可靠性要求，且改进 Kriging 方法的计算效率更高。

文献 [14 — 16] 对固体火箭发动机概率设计进行了探索。文献 [17] 总结了 1980 年

至 1996 年间 15 个军事和工业部门在结构概率设计领域的进展、基本设计思路和解决的问题，其中包括美国空军、NASA、ROCKWELL 公司、通用电气公司等。通过百余份技术报告分析，认为概率结构设计有如下几个方面的优点：

1）量化设计风险或可靠性；

2）识别和控制结构高风险区域；

3）确定对可靠性起重要作用的设计变量；

4）提供比较不同设计方案的手段；

5）提供设计优化结果的一个度量；

6）减小非必要的保守成分；

7）建立最优的维护、检查方案；

8）建立合理的保质期和备品、备件策略。

8.6　小结

本章简要讨论了一些专业领域概率设计的问题，没有全面展开，仅仅是点到即止。同时，我们也注意到，这些文献的工作大多是在局部某个点开展的。通过文献的分析比较认识到，无论哪个专业领域的概率设计问题，都需要本专业领域工程知识和统计学理论紧密结合；同时，作为设计的输入，积累丰富的统计数据是设计全面、正确的必要条件。

目前，运载火箭概率设计的理论体系尚未建立，在理论的严谨性和完备性方面仍有相当大的差距，需要对各种方法及其不同的专业适用性进行系统的探索和客观的评价，从而形成必要的设计规范和设计工具。特别是，运载火箭大量的数据（尽管大多数是小子样的）没有深度挖掘分析，各类不确定性参数适应何种合适的模型，需要基于真实数据对模型与数据的一致性检验。即使完成了相应的概率设计，如何进行有效的设计验证，也是需要提前思考的问题。

参 考 文 献

［1］ VIRGINIE GABREL, CÉCILE MURAT, AURÉLIE THIELE. Recent advances in robust optimization ［J］. European Journal of Operational Research，2014，235：471 - 483.

［2］ DU X P, CHEN W. Towards a Better Understanding of Modeling Feasibility Robustness in Engineering Design ［J］. Journal of Mechanical Design，2000，122（1）：385 - 294.

［3］ DU X P, CHEN W. Sequential Optimization and Reliability Assessment Method for Efficient Probabilistic Design ［J］. Journal of Mechanical Design，2004，126（2）：225 - 233.

［4］ HUANG Z L, JIANG C, ZHOU Y S, LUO Z, ZHANG Z. An incremental shifting vector approach for reliability - based design optimization ［J］. Structural and Multidisciplinary Optimization，2016，3（53）：523 - 543.

［5］ 张海瑞. 飞行器总体不确定性分析与优化设计 ［M］. 北京：中国宇航出版社，2022.

［6］ 刘娟，辛万青，董利强，等. 基于总体偏差量的滚动通道总体设计与仿真 ［M］. 导弹与航天运载技术，2007，287（1）：6 - 9.

［7］ 龙乐豪. 总体设计 ［M］. 北京：宇航出版社，1993.

［8］ QIAN WANG, ROBERT F STENGEL. Robust control of nonlinear systems with parametric uncertainty Automatica ［J］. Automatica，2002，38（9）：1591 - 1599.

［9］ BONG WIE, DENNIS S BERNSTEIN. Benchmark problems for robust control design ［J］. Journal of Guidance Control and Dynamics，1992，15（5）：1057 - 1059.

［10］ 严恺，等. 基于可靠性优化的固体火箭姿态控制器设计 ［J］. 航天控制，2020，38（6）:24 - 30.

［11］ AIPING WANG, YONGJI WANG, HONG WANG. Shape Control of Conditional Output Probability Density Functions for Linear Stochastic Systems with Random Parameters ［J］. Systems Control and Communications，2011，3（1）：82 - 94.

［12］ HONG WANG, AFSHAR P. An ILC - based Fixed - structure Controller Design for output PDF shaping instochastic systems ［J］. IEEE Transactions on Automatic Control，2009，54（4）：760 - 773.

［13］ 刘百奇，韦常柱，雷建长. 基于概率的运载火箭控制系统设计方法研究 ［J］. 宇航总体技术，2017，2（2）：49 - 55.

［14］ 余利风. 固体火箭发动机燃烧室的概率设计 ［J］. 推进技术，1985（6）：37 - 43.

［15］ 王桢. 固体火箭发动机的概率设计 ［J］. 固体火箭技术，1995，18（3）：13 - 17.

［16］ 王桢. 固体火箭发动机概率设计数字模拟 ［J］. 固体火箭技术，1996，19（4）：32 - 35.

［17］ U. S. Department of Transportation Federal Aviation Administration. Probabilistic Design Methodology for Composite Aircraft Structures ［R］. DOT/FAA/AR - 99/2.